Printed by Libri Plureos GmbH in Hamburg, Germany

Eureka Math®

الصف 1 وحدات الإتقان 4-6

التمرين

Great Minds PBC is the creator of Eureka Math®
Wit & Wisdom®, Alexandria Plan™, and PhD Science™

Published by Great Minds PBC. greatminds.org

Copyright © 2020 Great Minds PBC. All rights reserved. No part of this work may be reproduced or used in any form or by any means—graphic, electronic, or mechanical, including photocopying or information storage and retrieval systems—without written permission from the copyright holder

ISBN 978-1-64929-297-1

20 21 22 23 24 25 CCD 10 9 8 7 6 5 4 3 2 1

Printed in the USA

تعلم • ممارسة • نجاح

تتوفر مواد طلاب Eureka Math® لقصة الوحدات® (من الروضة إلى الخامسة) في ثلاثية تعلم، ممارسة، نجاح. تدعم هذه السلسلة التمايز والمعالجة مع الاحتفاظ بمواد الطلاب منظمة ويمكن الوصول إليها. سيجد المعلمون أن سلسلة كتب التعلم والممارسة والنجاح تقدم أيضًا موارد متماسكة - وبالتالي فهي أكثر فعالية - للاستجابة للتدخل (RTI)، والممارسة الإضافية والتعلم الصيفي.

تعلم

تُعد دروس تعلم Eureka Math بمثابة رفيقًا للطالب في الصف حيث يظهرون تفكيرهم، ويشاركون ما يعرفونه، ويشاهدون معرفتهم وهي تُبنى كل يوم. يضم كتاب التعلم تجميعة الواجب الدراسي اليومي - مسائل التطبيق وتذاكر الخروج ومجموعات المسائل والقوالب - بحجم يسهل حمله والتنقل به.

ممارسة

يبدأ كل درس في Eureka Math بسلسلة من أنشطة الطلاقة النشطة والحيوية، بما في ذلك تلك الموجودة في ممارسة Eureka Math. يمكن للطلاب الذين يجيدون حقائق الرياضيات الخاصة بهم إتقان المزيد من المواد بشكل أكثر عمقًا. مع كتاب الممارسة، يبني الطلاب الكفاءة في المهارات المكتسبة حديثًا ويعززون التعلم السابق استعدادًا للدرس التالي.

يوفر كتابا التعلم والممارسة كافة المواد المطبوعة التي سيستخدمها الطلاب لتعلم الرياضيات الأساسية.

نجاح

يُمكن كتاب النجاح Eureka Math الطلاب من العمل بشكل فردي نحو الإتقان. تضفي مجموعات المسائل الإضافية محاذاة الدرس تلو الدرس مع تعليمات الفصل الدراسي أجواء مثالية للاستخدام كواجب منزلي أو تدريب إضافي. يرافق Homework Helper كل مجموعة مسائل، وهي عبارة عن الأمثلة العملية التي توضح كيفية حل المسائل المماثلة.

يمكن للمعلمين والمربيين استخدام كتب النجاح من مستويات الصف السابق كأدوات متوافقة مع المناهج لملء الفجوات في المعرفة التأسيسية. سيرتقي مستوى الطلاب ويتقدمون بشكل أسرع حيث تسهل النماذج المألوفة الاتصال بمحتواهم الحالي على مستوى الصف.

الطلاب والأسر والمعلمون:

نشكرك على كونك جزءًا من مجتمع *Eureka Math*®، حيث نحتفل برونق الرياضيات وتساؤلاتها وإثاراتها. واحدة من أكثر الطرق عرضًا لإثارة حماسنا هي من خلال أنشطة الطلاقة المقدمة في ممارسات Eureka Math.

ما هي الطلاقة في الرياضيات؟

قد تفكر في الطلاقة المرتبطة بفنون اللغة، حيث تشير إلى التحدث والكتابة بسهولة. في رياض الأطفال حتى الصف الخامس، يحتوي منهج *Eureka Math* على العديد من الفرص اليومية لبناء طلاقة في الرياضيات. تم تصميم كل منها بنفس الفكرة - زيادة قدرة كل طالب على استخدام الرياضيات بسهولة. تتسم خبرات الطلاقة بشكل عام بالسرعة والحيوية، حيث تتميز بالتحسن وتركز على التعرف على الأنماط والصلات داخل المحتوى. لا يقصد بها أن يتم تقديرها.

توفر أنشطة طلاقة Eureka Math ممارسة متباينة من خلال مجموعة متنوعة من التنسيقات - يتم إجراء بعضها بصورة شفوية، والبعض الآخر يستخدم التلاعب، والبعض الآخر يستخدم السبورة الشخصية، والبعض الآخر يستخدم الورقة والقلم. يوفر كتاب ممارسة *Eureka Math* لكل طالب تمارين الطلاقة المطبوعة لمستوى الصف الخاص به.

ما هو التسلسل من الأصعب إلى الأسهل؟

تستخدم العديد من أنشطة الطلاقة المطبوعة التنسيق الذي نسميه التسلسل من الأصعب إلى الأسهل. هذه التدريبات تبني السرعة والدقة مع المهارات المكتسبة بالفعل. تستخدم عندما يقترب الطلاب من الكفاءة الاحترافية المثلى، حيث يعمل التسلسل من الأصعب إلى الأسهل على تعزيز الإيقاع لبناء دفعة أدرينالين منخفضة المخاطر تزيد من الذاكرة واسترجاع المحفوظ. تصميمها المتعمد يجعل تدريبات التسلسل من الأصعب إلى الأسهل متباينة بطبيعتها تتراكم المسائل من البسيط إلى المعقد، حيث يكون الربع الأول من المسائل هو الأبسط وكل ربع يضيف التعقيد. علاوة على ذلك، تجذب الأنماط المتعمدة ضمن تسلسل المسائل مهارات التفكير العليا لدى الطلاب.

التنسيق المقترح لتقديم تدريبات التسلسل من الأصعب إلى الأسهل للطلاب بسباقين متتاليين (المسمى A و B) على نفس المهارة، يتم تحديد دقيقة واحدة للانتهاء من كل منهما. يتوقف الطلاب بين تدريبات التسلسل من الأصعب إلى الأسهل للتعبير عن الأنماط التي لاحظوها أثناء عملهم في تدريب التسلسل من الأصعب إلى الأسهل الأول. غالبًا ما يوفر ملاحظة الأنماط دفعة طبيعية لأدائها في سباق تدريب التسلسل من الأصعب إلى الأسهل الثاني.

يمكن إجراء تدريبات التسلسل من الأصعب إلى الأسهل باستخدام بروتوكول غير محدد الوقت أيضًا. يوصى بشدة بالبروتوكول غير المؤقت عندما لا يزال الطلاب ينون الثقة بمستوى تعقيد الربع الأول من المسائل. بمجرد أن يكون جميع الطلاب مستعدين للنجاح في تدريبات التسلسل من الأصعب إلى الأسهل، فإن العمل على تحسين السرعة والدقة مع طاقة بروتوكول موقوت غالبًا ما يكون موضع ترحيب وتنشيط.

أين يمكنني العثور على أنشطة طلاقة أخرى؟

يوجّه *Eureka Math Teacher Edition* المعلمين في تقديم جميع أنشطة الطلاقة لكل درس، بما في ذلك تلك التي لا تتطلب مواد مطبوعة. بالإضافة إلى ذلك، يوفر *Eureka Digital Suite* الوصول إلى أنشطة الطلاقة لجميع مستويات الصف، يمكن البحث فيه حسب المعيار أو الدرس.

أطيب التمنيات لسنة مليئة بلحظات Eurek!

جيل دينيز
مدير الرياضيات
Great Minds

المحتويات

الوحدة 4

الدرس الأول: فصل الأرقام	3
الدرس الثاني: مراجعة طلاقة الإضافة الأساسية	5
الدرس 5: 10 المزيد ، 10 مراجعة أقل سبرينت	7
الدرس 7: 1+، -1، 10+، 10- Sprint	11
الدرس 7: مخطط الصف الخامس للمكان الكبير	15
الدرس 8: مراجعة الطلاقة الأساسية	17
الدرس 10: التسلسلات الرقمية ضمن 40	19
الدرس 12: عمليات الجمع والطرح ذات الصلة خلال 10 سرعة	23
الدرس 17: مراجعة طلاقة الإضافة الأساسية: الإضافات المفقودة	27
الدرس 19: الجمع المتماثل خلال 40 سبرينت	29
الدرس 22: عمليات الجمع والطرح ذات الصلة خلال 10 و 20 سرعة الجري	33
الدرس 23: عملي الإضافة	37
الدرس 23: ممارسة الإضافة المفقودة	39
الدرس 23: ممارسة الطرح والجمع ذات الصلة	41
الدرس 23: ممارسة الطرح	43
الدرس 23: ممارستي المختلطة	45
الدرس 25: الإضافات المفقودة لمجموع عشرة (ق) سباق السرعة	47
الدرس 27: السباق إلى القمة	51
الدرس 29: السباق إلى القمة	53

الوحدة 5

الدرس الأول: سرعة الإضافة الأساسية 1	57
الدرس الأول: سرعة الإضافة الأساسية 2	61
الدرس 1: سرعة الطرح الأساسية	65
الدرس الأول: سرعة الطلاقة الأساسية: إجماليات 5 و 6 و 7	69
الدرس الأول: سرعة الطلاقة الأساسية: المجاميع 8 و 9 و 10	73
الدرس 3: عملي الإضافة	77
الدرس 3: ممارسة الإضافة المفقودة	79

الدرس 3: ممارسة الجمع والطرح ذات الصلة	81
الدرس 3: ممارسة الطرح	83
الدرس 3: ممارستي المختلطة	85

الوحدة 6

الدرس 1: عملي الإضافة	89
الدرس 1: ممارسة الإضافة المفقودة	91
الدرس 1: ممارسة الطرح والجمع ذات الصلة	93
الدرس 1: ممارسة الطرح	95
الدرس 1: ممارستي المختلطة	97
الدرس 3: سرعة الإضافة الأساسية 1	99
الدرس 3: سرعة الإضافة الأساسية 2	103
الدرس 3: سرعة الطرح الأساسية	107
الدرس 3: سرعة الطلاقة الأساسية: إجماليات 5 و 6 و 7	111
الدرس 3: سرعة الطلاقة الأساسية: إجماليات 8 و 9 و 10	115
الدرس 9: 1+، 1-، 10+، 10-	119
الدرس 10: السباق إلى القمة	123
الدرس 18: قائمة ورقة الأنماط أ أو ب	125
الدرس 26: ورقة تسجيل الوقت	127
الدرس 27: البطاقات التعليمية ذات الشكل ثنائي الأبعاد	129
الدرس 27: أشكال ورقة التسجيل	137
الدرس 28: عد النقاط سبرينت	139
الدرس 28: ممارسة الهدف	143
الدرس 28: السباق إلى القمة	145
الدرس 29: رقم السندات 10 داش	147

الصف 1

الوحدة 4

قصة الوحدات | الدرس 1 نموذج الإتقان | 1•4

تفكيك الأرقام

الاسم _____ التاريخ _____

مراجعة على إتقان الجمع الأساسي

1. ___ = 0 + 2
2. ___ = 1 + 2
3. ___ = 2 + 2
4. ___ = 0 + 4
5. ___ = 4 + 0
6. ___ = 3 + 0
7. ___ = 0 + 0
8. ___ = 1 + 3
9. ___ = 3 + 1
10. ___ = 4 + 1
11. ___ = 5 + 1
12. ___ = 1 + 5
13. ___ = 7 + 1
14. ___ = 1 + 7
15. ___ = 8 + 1
16. ___ = 6 + 1
17. ___ = 1 + 6
18. ___ = 2 + 6
19. ___ = 2 + 5
20. ___ = 3 + 4
21. ___ = 3 + 2
22. ___ = 4 + 2
23. ___ = 2 + 4
24. ___ = 2 + 3
25. ___ = 1 + 9
26. ___ = 2 + 8
27. ___ = 2 + 7
28. ___ = 3 + 7
29. ___ = 3 + 6
30. ___ = 4 + 6
31. ___ = 3 + 5
32. ___ = 5 + 3
33. ___ = 4 + 3
34. ___ = 3 + 3
35. ___ = 4 + 4
36. ___ = 4 + 5
37. ___ = 6 + 4
38. ___ = 7 + 2
39. ___ = 8 + 2
40. ___ = 5 + 2
41. ___ = 5 + 5
42. ___ = 5 + 4
43. ___ = 6 + 2
44. ___ = 6 + 3
45. ___ = 7 + 3

الدرس 5 تمرين السرعة

الاسم _____ التاريخ _____ الرقم الصحيح: ⭐

*اكتب الرقم الناقص.

1.	□ = 3 + 10	16.	11 = □ + 10
2.	□ = 2 + 10	17.	12 = □ + 10
3.	□ = 1 + 10	18.	15 = □ + 5
4.	□ = 10 + 1	19.	14 = □ + 4
5.	□ = 10 + 4	20.	17 = 10 + □
6.	□ = 10 + 6	21.	7 = □ − 17
7.	□ = 7 + 10	22.	6 = □ − 16
8.	□ = 10 + 8	23.	8 = □ − 18
9.	□ = 10 − 12	24.	8 = 10 − □
10.	□ = 10 − 11	25.	9 = 10 − □
11.	□ = 10 − 10	26.	□ = 10 + 1 + 1
12.	□ = 10 − 13	27.	□ = 10 + 2 + 2
13.	□ = 10 − 14	28.	□ = 10 + 3 + 2
14.	□ = 10 − 15	29.	17 = 3 + □ + 4
15.	□ = 10 − 18	30.	18 = 10 + 5 + □

ب

قصة الوحدات   الدرس 5 تمرين السرعة   1●4

الاسم _____   التاريخ _____   الرقم الصحيح: _____

*اكتب الرقم الناقص.

	10 = □ + 10	16.	□ = 1 + 10	1.
	11 = □ + 10	17.	□ = 2 + 10	2.
	12 = □ + 2	18.	□ = 3 + 10	3.
	13 = □ + 3	19.	□ = 10 + 4	4.
	13 = 10 + □	20.	□ = 10 + 5	5.
	3 = □ - 13	21.	□ = 10 + 6	6.
	4 = □ - 14	22.	□ = 8 + 10	7.
	6 = □ - 16	23.	□ = 10 + 8	8.
	6 = 10 - □	24.	□ = 10 - 10	9.
	8 = 10 - □	25.	□ = 10 - 11	10.
	□ = 10 + 1 + 2	26.	□ = 10 - 12	11.
	□ = 10 + 2 + 3	27.	□ = 10 - 13	12.
	□ = 10 + 3 + 2	28.	□ = 10 - 15	13.
	18 = 4 + □ + 4	29.	□ = 10 - 17	14.
	19 = 10 + 6 + □	30.	□ = 10 - 19	15.

الدرس 5:   حدد 10 أكثر من و10 أقل و1 أكثر و1 أقل من عدد مكون من رقمين.

EUREKA MATH

	□ = 10 + 29	16		□ = 1 + 5	1
	□ = 1 + 9	17		□ = 1 + 15	2
	□ = 1 + 19	18		□ = 1 + 25	3
	□ = 1 + 29	19		□ = 10 + 5	4
	□ = 1 + 39	20		□ = 10 + 15	5
	□ = 1 - 40	21		□ = 10 + 25	6
	□ = 1 - 30	22		□ = 1 - 8	7
	□ = 1 - 20	23		□ = 1 - 18	8
	21 = □ + 20	24		□ = 1 - 28	9
	30 = □ + 20	25		□ = 1 - 38	10
	37 = □ + 27	26		□ = 10 - 38	11
	28 = □ + 27	27		□ = 10 - 28	12
	34 = 10 + □	28		□ = 10 - 18	13
	14 = 10 - □	29		□ = 10 + 9	14
	24 = 10 - □	30		□ = 10 + 19	15

ب

الاسم _____ التاريخ _____

*اكتب الرقم الناقص. انتبه إلى علامتي الجمع أو الطرح.

	□ = 10 + 28	16	□ = 1 + 4	1
	□ = 1 + 9	17	□ = 1 + 14	2
	□ = 1 + 19	18	□ = 1 + 24	3
	□ = 1 + 29	19	□ = 10 + 6	4
	□ = 1 + 39	20	□ = 10 + 16	5
	□ = 1 - 40	21	□ = 10 + 26	6
	□ = 1 - 30	22	□ = 1 - 7	7
	□ = 1 - 20	23	□ = 1 - 17	8
	11 = □ + 10	24	□ = 1 - 27	9
	20 = □ + 10	25	□ = 1 - 37	10
	32 = □ + 22	26	□ = 10 - 37	11
	23 = □ + 22	27	□ = 10 - 27	12
	39 = 10 + □	28	□ = 10 - 17	13
	19 = 10 - □	29	□ = 10 + 8	14
	29 = 10 - □	30	□ = 10 + 18	15

عشرات	آحاد

مخطط القيمة المكانية الأكبر

الاسم _____ التاريخ _____

مراجعة على إتقان الطرح الأساسي

1. 8 - 0 = ___
2. 8 - 1 = ___
3. 7 - 7 = ___
4. 3 - 3 = ___
5. 3 - 2 = ___
6. 4 - 2 = ___
7. 5 - 2 = ___
8. 5 - 3 = ___
9. 9 - 2 = ___
10. 8 - 2 = ___
11. 7 - 2 = ___
12. 4 - 4 = ___
13. 4 - 3 = ___
14. 5 - 4 = ___
15. 8 - 3 = ___

16. 9 - 3 = ___
17. 10 - 3 = ___
18. 10 - 4 = ___
19. 10 - 2 = ___
20. 10 - 8 = ___
21. 10 - 7 = ___
22. 10 - 6 = ___
23. 6 - 6 = ___
24. 7 - 7 = ___
25. 7 - 6 = ___
26. 8 - 8 = ___
27. 8 - 7 = ___
28. 9 - 9 = ___
29. 9 - 8 = ___
30. 10 - 9 = ___

31. 5 - 5 = ___
32. 6 - 5 = ___
33. 7 - 5 = ___
34. 8 - 5 = ___
35. 8 - 4 = ___
36. 10 - 5 = ___
37. 9 - 5 = ___
38. 9 - 4 = ___
39. 6 - 3 = ___
40. 6 - 4 = ___
41. 7 - 3 = ___
42. 7 - 4 = ___
43. 8 - 6 = ___
44. 9 - 6 = ___
45. 9 - 7 = ___

أ

قصة الوحدات | الدرس 10 تمرين السرعة | 1●4

الاسم _____ التاريخ _____

الرقم الصحيح: _____

اكتب الرقم الناقص في الجملة.

1.	0, 1, 2, __	16.	15, __, 13, 12
2.	10, 11, 12, __	17.	__, 24, 23, 22
3.	20, 21, 22, __	18.	6, 16, __, 36
4.	10, 9, 8, __	19.	7, __, 27, 37
5.	20, 19, 18, __	20.	__, 19, 29, 39
6.	40, 39, 38, __	21.	__, 26, 16, 6
7.	0, 10, 20, __	22.	34, __, 14, 4
8.	2, 12, 22, __	23.	__, 20, 21, 22
9.	5, 15, 25, __	24.	29, __, 31, 32
10.	40, 30, 20, __	25.	5, __, 25, 35
11.	39, 29, 19, __	26.	__, 25, 15, 5
12.	7, 8, 9, __	27.	2, 4, __, 8
13.	7, 8, __, 10	28.	__, 14, 16, 18
14.	17, __, 19, 20	29.	8, __, 4, 2
15.	15, 14, __, 12	30.	__, 18, 16, 14

19

الدرس 10: استخدم الرموز > و = و < للمقارنة بين الكميات والأرقام.

EUREKA MATH

Copyright © Great Minds PBC

ب

الاسم _____ التاريخ _____

الرقم الصحيح: _____

اكتب الرقم الناقص في الجملة.

	10, 11, ___, 13	.16	___, 3, 2, 1	.1
	20, 21, 22, ___	.17	___, 13, 12, 11	.2
	35, ___, 15, 5	.18	___, 23, 22, 21	.3
	34, 24, ___, 4	.19	___, 8, 9, 10	.4
	37, 27, 17, ___	.20	___, 18, 19, 20	.5
	9, 19, 29, ___	.21	___, 28, 29, 30	.6
	1, 11, ___, 31	.22	___, 20, 10, 0	.7
	32, 31, 30, ___	.23	___, 23, 13, 3	.8
	22, 21, ___, 19	.24	___, 26, 16, 6	.9
	35, 25, ___, 5	.25	___, 20, 30, 40	.10
	5, 15, 25, ___	.26	___, 18, 28, 38	.11
	8, ___, 4, 2	.27	___, 8, 7, 6	.12
	16, 14, 12, ___	.28	9, ___, 7, 6	.13
	6, 8, ___, 12	.29	19, 18, ___, 16	.14
	16, 18, 20, ___	.30	13, 14, ___, 16	.15

الدرس 12 تمرين السرعة

قصة الوحدات

الاسم _____ التاريخ _____

الرقم الصحيح: _____

*اكتب الرقم الناقص. انتبه إلى العلامتين + و -.

		№			№
	$7 = \Box + 3$	16		$4 = \Box + 3$	1
	$\Box + 4 = 7$	17		$4 = \Box + 1$	2
	$\Box = 4 - 7$	18		$\Box = 1 - 4$	3
	$\Box = 3 - 7$	19		$\Box = 3 - 4$	4
	$8 = \Box + 3$	20		$5 = \Box + 3$	5
	$\Box + 5 = 8$	21		$5 = \Box + 2$	6
	$5 - 8 = \Box$	22		$\Box = 2 - 5$	7
	$3 - 8 = \Box$	23		$\Box = 3 - 5$	8
	$9 = \Box + 3$	24		$6 = \Box + 4$	9
	$9 = \Box + 6$	25		$6 = \Box + 2$	10
	$6 - 9 = \Box$	26		$\Box = 2 - 6$	11
	$3 - 9 = \Box$	27		$\Box = 4 - 6$	12
	$2 + \Box = 4 - 9$	28		$\Box = 3 - 6$	13
	$3 - 9 = 3 + \Box$	29		$6 = \Box + 3$	14
	$6 - 8 = 7 - \Box$	30		$3 = \Box - 6$	15

ب

الاسم _____ التاريخ _____ الرقم الصحيح: _____

الدرس 12 تمرين السرعة

*اكتب الرقم الناقص. انتبه إلى العلامتين + و −.

	7 = □ + 2	16.		4 = □ + 4	1.
	□ + 5 = 7	17.		4 = □ + 0	2.
	□ = 5 − 7	18.		□ = 0 − 4	3.
	□ = 2 − 7	19.		□ = 4 − 4	4.
	8 = □ + 2	20.		5 = □ + 4	5.
	□ + 6 = 8	21.		5 = □ + 1	6.
	6 − 8 = □	22.		□ = 1 − 5	7.
	2 − 8 = □	23.		□ = 4 − 5	8.
	9 = □ + 2	24.		6 = □ + 5	9.
	□ + 7 = 9	25.		6 = □ + 1	10.
	7 − 9 = □	26.		□ = 1 − 6	11.
	2 − 9 = □	27.		□ = 5 − 6	12.
	3 + □ = 3 − 9	28.		6 = □ + 2	13.
	4 − 9 = 2 + □	29.		6 = □ + 4	14.
	3 − 8 = 6 − □	30.		□ = 4 − 6	15.

مراجعة على إتقان الجمع الأساسي: الأعداد المجموع عليها المفقودة

1. ___ + 5 = 5
2. ___ + 4 = 5
3. ___ + 2 = 5
4. ___ + 3 = 5
5. ___ + 0 = 5
6. ___ + 1 = 5
7. ___ + 1 = 6
8. ___ + 0 = 6
9. ___ + 6 = 6
10. ___ + 5 = 6
11. ___ + 3 = 6
12. ___ + 4 = 6
13. ___ + 2 = 6
14. ___ + 2 = 7
15. ___ + 5 = 7
16. ___ + 6 = 7
17. ___ + 1 = 7
18. ___ + 0 = 7
19. ___ + 7 = 7
20. ___ + 3 = 7
21. ___ + 4 = 7
22. ___ + 4 = 8
23. ___ + 5 = 8
24. ___ + 6 = 8
25. ___ + 2 = 8
26. ___ + 3 = 8
27. ___ + 0 = 8
28. ___ + 8 = 8
29. ___ + 7 = 8
30. ___ + 1 = 8
31. ___ + 9 = 9
32. ___ + 0 = 9
33. ___ + 1 = 9
34. ___ + 2 = 9
35. ___ + 7 = 9
36. ___ + 6 = 9
37. ___ + 5 = 9
38. ___ + 3 = 9
39. ___ + 4 = 9
40. ___ + 4 = 10
41. ___ + 5 = 10
42. ___ + 6 = 10
43. ___ + 3 = 10
44. ___ + 1 = 10
45. ___ + 2 = 10

الدرس 19 تمرين السرعة

الاسم _____ **التاريخ** _____

الرقم الصحيح: ⬡

*اكتب الرقم الناقص.

	□ = 3 + 6	16		□ = 1 + 6	1
	□ = 3 + 16	17		□ = 1 + 16	2
	□ = 3 + 26	18		□ = 1 + 26	3
	□ = 5 + 4	19		□ = 2 + 5	4
	□ = 4 + 15	20		□ = 2 + 15	5
	□ = 2 + 8	21		□ = 2 + 25	6
	□ = 2 + 18	22		□ = 3 + 5	7
	□ = 2 + 28	23		□ = 3 + 15	8
	□ = 3 + 8	24		□ = 3 + 25	9
	□ = 13 + 8	25		□ = 4 + 4	10
	□ = 23 + 8	26		□ = 4 + 14	11
	□ = 5 + 8	27		□ = 4 + 24	12
	□ = 15 + 8	28		□ = 4 + 5	13
	33 = □ + 28	29		□ = 4 + 15	14
	33 = □ + 25	30		□ = 4 + 25	15

ب

الاسم _____ التاريخ _____

الرقم الصحيح: ⭐

*اكتب الرقم الناقص.

	□ = 3 + 6	16	□ = 1 + 5	1
	□ = 3 + 16	17	□ = 1 + 15	2
	□ = 3 + 26	18	□ = 1 + 25	3
	□ = 5 + 3	19	□ = 2 + 4	4
	□ = 3 + 15	20	□ = 2 + 14	5
	□ = 1 + 9	21	□ = 2 + 24	6
	□ = 1 + 19	22	□ = 3 + 5	7
	□ = 1 + 29	23	□ = 3 + 15	8
	□ = 2 + 9	24	□ = 3 + 25	9
	□ = 12 + 9	25	□ = 2 + 6	10
	□ = 22 + 9	26	□ = 2 + 16	11
	□ = 5 + 9	27	□ = 2 + 26	12
	□ = 15 + 9	28	□ = 3 + 4	13
	34 = □ + 29	29	□ = 3 + 14	14
	34 = □ + 25	30	□ = 3 + 24	15

الدرس 22 تمرين السرعة

الرقم الصحيح: _____

الاسم _____ **التاريخ** _____

*اكتب الرقم الناقص. انتبه إلى العلامتين + و -.

	8 = ☐ + 2	16	☐ = 2 + 2	1
	8 = ☐ + 6	17	4 = ☐ + 2	2
	☐ = 6 - 8	18	☐ = 2 - 4	3
	☐ = 2 - 8	19	☐ = 3 + 3	4
	☐ = 2 + 9	20	6 = ☐ + 3	5
	11 = ☐ + 9	21	☐ = 3 - 6	6
	☐ = 9 - 11	22	7 = ☐ + 4	7
	15 = ☐ + 9	23	7 = ☐ + 3	8
	☐ = 9 - 15	24	☐ = 3 - 7	9
	15 = ☐ + 8	25	☐ = 4 - 7	10
	8 = ☐ - 15	26	☐ = 4 + 5	11
	17 = ☐ + 8	27	9 = ☐ + 4	12
	8 = ☐ - 17	28	☐ = 4 - 9	13
	8 = ☐ - 27	29	☐ = 5 - 9	14
	8 = ☐ - 37	30	4 = ☐ - 9	15

الدرس 22: اكتب مسائل كلامية مختلفة.

ب

الدرس 22 تمرين السرعة

الرقم الصحيح: _____

الاسم _____ التاريخ _____

*اكتب الرقم الناقص. انتبه إلى العلامتين + و −.

	9 = ☐ + 2	16	☐ = 3 + 3	1
	9 = ☐ + 7	17	6 = ☐ + 3	2
	☐ = 7 − 9	18	☐ = 3 − 6	3
	☐ = 2 − 9	19	☐ = 4 + 4	4
	☐ = 5 + 9	20	8 = ☐ + 4	5
	14 = ☐ + 9	21	☐ = 4 − 8	6
	☐ = 9 − 14	22	9 = ☐ + 4	7
	16 = ☐ + 9	23	9 = ☐ + 5	8
	☐ = 9 − 16	24	☐ = 5 − 9	9
	16 = ☐ + 8	25	☐ = 4 − 9	10
	8 = ☐ − 16	26	☐ = 4 + 3	11
	16 = ☐ + 8	27	7 = ☐ + 4	12
	8 = ☐ − 16	28	☐ = 4 − 7	13
	8 = ☐ − 26	29	☐ = 3 − 7	14
	8 = ☐ − 36	30	3 = ☐ − 7	15

الاسم _____ التاريخ _____

المزيد من التدريبات على الجمع

1. ___ = 0 + 6	11. ___ = 1 + 7	21. ___ = 3 + 5
2. ___ = 6 + 0	12. 7 + 1 = ___	22. 4 + 5 = ___
3. ___ = 1 + 5	13. ___ = 3 + 3	23. ___ = 4 + 6
4. ___ = 5 + 1	14. ___ = 4 + 3	24. ___ = 6 + 4
5. ___ = 1 + 6	15. 5 + 3 = ___	25. 4 + 4 = ___
6. ___ = 6 + 1	16. ___ = 3 + 6	26. ___ = 4 + 3
7. ___ = 2 + 6	17. ___ = 3 + 7	27. ___ = 5 + 5
8. ___ = 2 + 5	18. 2 + 7 = ___	28. 5 + 4 = ___
9. ___ = 5 + 2	19. ___ = 7 + 2	29. ___ = 7 + 3
10. ___ = 4 + 2	20. ___ = 8 + 2	30. 6 + 3 = ___

لقد حللت اليوم _____ مسألة.

لقد حللت _____ مسألة بشكل صحيح.

الاسم _____ التاريخ _____

تدريباتي على الأرقام المجموع عليها المفقودة

1. 6 = ___ + 6	11. 6 = ___ + 3	21. 7 = ___ + 4
2. 6 = ___ + 0	12. 8 = ___ + 4	22. ___ + 3 = 7
3. 6 = ___ + 5	13. ___ + 5 = 10	23. 7 = ___ + 2
4. 6 = ___ + 4	14. 9 = ___ + 5	24. 8 = ___ + 2
5. 7 = ___ + 0	15. 7 = ___ + 5	25. ___ + 2 = 9
6. 7 = ___ + 6	16. ___ + 5 = 8	26. 10 = ___ + 2
7. 7 = ___ + 1	17. 9 = ___ + 5	27. ___ + 3 = 10
8. 8 = ___ + 7	18. 10 = ___ + 8	28. 9 = ___ + 3
9. 8 = ___ + 1	19. 10 = ___ + 7	29. 9 = ___ + 4
10. 8 = ___ + 6	20. ___ + 6 = 10	30. ___ + 4 = 10

لقد حللت اليوم _____ مسألة.

لقد حللت _____ مسألة بشكل صحيح.

الاسم _____   التاريخ _____

تدريباتي المتعلقة بالجمع والطرح

1. 6 = ___ + 5	11. 10 = ___ + 7	21. 8 = ___ + 4
2. 6 = ___ + 1	12. ___ = 10 - 7	22. ___ = 8 - 4
3. ___ = 6 - 1	13. 7 = ___ + 5	23. 7 = ___ + 4
4. 10 = ___ + 9	14. ___ = 7 - 5	24. ___ = 7 - 4
5. 10 = ___ + 1	15. 8 = ___ + 5	25. 9 = ___ + 5
6. ___ = 10 - 9	16. ___ = 8 - 5	26. ___ = 9 - 5
7. 10 = ___ + 5	17. 6 = ___ + 4	27. 9 = ___ + 6
8. ___ = 10 - 5	18. ___ = 6 - 4	28. ___ = 9 - 6
9. 10 = ___ + 8	19. 6 = ___ + 3	29. 7 = ___ + 4
10. ___ = 10 - 8	20. ___ = 6 - 3	30. ___ = 7 - 4

لقد حللت اليوم _____ مسألة.

لقد حللت _____ مسألة بشكل صحيح.

الاسم _____ التاريخ _____

تدريباتي على الطرح

1. ___ = 0 - 6	11. ___ = 3 - 6	21. ___ = 4 - 8
2. ___ = 1 - 6	12. ___ = 3 - 7	22. ___ = 3 - 8
3. ___ = 1 - 7	13. ___ = 3 - 9	23. ___ = 5 - 8
4. ___ = 1 - 8	14. ___ = 8 - 10	24. ___ = 5 - 9
5. ___ = 2 - 6	15. ___ = 6 - 10	25. ___ = 4 - 9
6. ___ = 2 - 7	16. ___ = 4 - 10	26. ___ = 3 - 7
7. ___ = 2 - 9	17. ___ = 5 - 10	27. ___ = 7 - 10
8. ___ = 10 - 10	18. ___ = 6 - 7	28. ___ = 7 - 9
9. ___ = 9 - 10	19. ___ = 5 - 7	29. ___ = 6 - 9
10. ___ = 7 - 10	20. ___ = 4 - 6	30. ___ = 6 - 8

لقد حللت اليوم _____ مسألة.

لقد حللت _____ مسألة بشكل صحيح.

الاسم _____ التاريخ _____

تدريباتي المختلطة

21. ___ = 5 - 8	11. 6 = ___ + 2	1. ___ = 2 + 4
22. 8 = ___ + 3	12. ___ = 2 - 6	2. 6 = ___ + 2
23. 5 + ___ = 8	13. ___ = 4 - 6	3. ___ + 3 = 6
24. 9 = 2 + ___	14. 7 = ___ + 5	4. ___ = 5 + 2
25. 7 + ___ = 9	15. ___ = 5 - 7	5. ___ + 5 = 7
26. ___ = 2 - 9	16. ___ = 4 - 7	6. ___ = 3 + 4
27. ___ = 7 - 9	17. ___ = 3 - 7	7. 4 + ___ = 7
28. ___ = 6 - 9	18. ___ + 6 = 8	8. 4 + ___ = 8
29. 4 + ___ = 9	19. ___ = 2 - 8	9. ___ = 5 + 4
30. ___ = 6 - 9	20. ___ = 6 - 8	10. 4 + ___ = 9

لقد حللت اليوم _____ مسألة.

لقد حللت _____ مسألة بشكل صحيح.

الدرس 25 تمرين السرعة على الإتقان الأساسي

أ

الاسم _____ التاريخ _____

الرقم الصحيح: _____

*اكتب الرقم الناقص.

	10 = ☐ + 9	16.		10 = ☐ + 5	1.
	20 = ☐ + 19	17.		10 = ☐ + 9	2.
	10 = ☐ + 5	18.		10 = ☐ + 10	3.
	20 = ☐ + 15	19.		10 = ☐ + 0	4.
	10 = ☐ + 1	20.		10 = ☐ + 8	5.
	20 = ☐ + 11	21.		10 = ☐ + 7	6.
	10 = ☐ + 3	22.		10 = ☐ + 6	7.
	20 = ☐ + 13	23.		10 = ☐ + 4	8.
	10 = ☐ + 4	24.		10 = ☐ + 3	9.
	20 = ☐ + 14	25.		10 = 7 + ☐	10.
	20 = ☐ + 16	26.		10 = ☐ + 2	11.
	10 = ☐ + 2	27.		10 = 8 + ☐	12.
	20 = ☐ + 12	28.		10 = ☐ + 1	13.
	20 = ☐ + 18	29.		10 = 2 + ☐	14.
	20 = ☐ + 11	30.		10 = 3 + ☐	15.

الدرس 25: اجمع زوجين من الأعداد المكونة من رقمين عندما يكون مجموع أرقام الآحاد أقل من أو يساوي 10.

ب

الاسم _____ التاريخ _____

الرقم الصحيح: ⋆

*اكتب الرقم الناقص.

	10 = ☐ + 5	16.	10 = ___ + 10	1.
	20 = ☐ + 15	17.	10 = ☐ + 0	2.
	10 = ☐ + 9	18.	10 = ☐ + 9	3.
	20 = ☐ + 19	19.	10 = ☐ + 5	4.
	10 = ___ + 8	20.	10 = ☐ + 6	5.
	20 = ☐ + 18	21.	10 = ☐ + 7	6.
	10 = ☐ + 2	22.	10 = ___ + 8	7.
	20 = ☐ + 12	23.	10 = ☐ + 2	8.
	10 = ☐ + 3	24.	10 = ☐ + 3	9.
	20 = ☐ + 13	25.	10 = 7 + ☐	10.
	20 = ___ + 17	26.	10 = ☐ + 2	11.
	10 = ☐ + 4	27.	10 = 8 + ☐	12.
	20 = ☐ + 16	28.	10 = ☐ + 1	13.
	20 = ☐ + 18	29.	10 = 9 + ☐	14.
	40 = ☐ + 12	30.	10 = 2 + ☐	15.

الاسم _____ التاريخ _____

 سباق إلى القمة!

| 12 | 11 | 10 | 9 | 8 | 7 | 6 | 5 | 4 | 3 | 2 |

سباق إلى القمة

الاسم _____ التاريخ _____

 سباق إلى القمة!

| 12 | 11 | 10 | 9 | 8 | 7 | 6 | 5 | 4 | 3 | 2 |

سباق إلى القمة

الصف 1

الوحدة 5

قصة الوحدات | الدرس 1 تمرين السرعة 1 على الجمع الأساسي | 5•1

أ

الاسم _____ التاريخ _____

الرقم الصحيح: ☆

*اكتب الرقم المجهول. انتبه إلى العلامات.

1.	___ = 1 + 4	16.	___ = 3 + 4
2.	___ = 2 + 4	17.	7 = 4 + ___
3.	___ = 3 + 4	18.	4 + ___ = 7
4.	___ = 1 + 6	19.	___ = 4 + 5
5.	___ = 2 + 6	20.	9 = 5 + ___
6.	___ = 3 + 6	21.	4 + ___ = 9
7.	___ = 5 + 1	22.	___ = 7 + 2
8.	___ = 5 + 2	23.	9 = 2 + ___
9.	___ = 5 + 3	24.	7 + ___ = 9
10.	8 = ___ + 5	25.	___ = 6 + 3
11.	___ + 3 = 8	26.	9 = 3 + ___
12.	___ = 2 + 7	27.	6 + ___ = 9
13.	___ = 3 + 7	28.	2 + ___ = 4 + 4
14.	10 = ___ + 7	29.	3 + ___ = 4 + 5
15.	10 = 7 + ___	30.	6 + 3 = 7 + ___

ب

الاسم _____ **التاريخ** _____

الرقم الصحيح: ____

*اكتب الرقم المجهول. انتبه إلى العلامات.

1.	____ = 1 + 5	16.	____ = 4 + 2
2.	____ = 2 + 5	17.	6 = 4 + ____
3.	____ = 3 + 5	18.	4 + ____ = 6
4.	____ = 1 + 4	19.	____ = 4 + 3
5.	____ = 2 + 4	20.	7 = 3 + ____
6.	____ = 3 + 4	21.	4 + ____ = 7
7.	____ = 3 + 1	22.	____ = 5 + 4
8.	____ = 3 + 2	23.	9 = 4 + ____
9.	____ = 3 + 3	24.	5 + ____ = 9
10.	6 = ____ + 3	25.	____ = 6 + 2
11.	6 = 3 + ____	26.	9 = 6 + ____
12.	____ = 2 + 5	27.	2 + ____ = 9
13.	____ = 3 + 5	28.	4 + ____ = 3 + 3
14.	8 = ____ + 5	29.	5 + ____ = 4 + 3
15.	8 = 3 + ____	30.	7 + 2 = 6 + ____

أ

الدرس 1 تمرين السرعة 2 على الجمع الأساسي

الرقم الصحيح:

الاسم _____ التاريخ _____

*اكتب الرقم المجهول. انتبه إلى علامة يساوي.

1.	___ = 2 + 5	16.	4 + 5 = ___
2.	___ = 2 + 6	17.	5 + 4 = ___
3.	___ = 2 + 7	18.	___ = 3 + 6
4.	___ = 3 + 4	19.	___ = 6 + 3
5.	___ = 3 + 5	20.	6 + 2 = ___
6.	___ = 3 + 6	21.	___ = 7 + 2
7.	2 + 6 = ___	22.	4 + 3 = ___
8.	6 + 2 = ___	23.	___ = 6 + 3
9.	2 + 7 = ___	24.	5 + 4 = ___
10.	7 + 2 = ___	25.	___ = 4 + 3
11.	3 + 4 = ___	26.	___ = 4 + 13
12.	4 + 3 = ___	27.	___ = 14 + 3
13.	3 + 5 = ___	28.	___ = 6 + 3
14.	5 + 3 = ___	29.	19 = ___ + 13
15.	4 + 3 = ___	30.	16 + ___ = 19

ب

الاسم _____ التاريخ _____

الرقم الصحيح: _____

*اكتب الرقم المجهول. انتبه إلى علامة يساوي.

1.	___ = 3 + 4	16.	3 + 6 = ___
2.	___ = 3 + 5	17.	6 + 3 = ___
3.	___ = 3 + 6	18.	___ = 4 + 5
4.	___ = 2 + 6	19.	___ = 5 + 4
5.	___ = 2 + 7	20.	7 + 2 = ___
6.	___ = 4 + 5	21.	___ = 6 + 2
7.	3 + 4 = ___	22.	4 + 3 = ___
8.	4 + 3 = ___	23.	___ = 5 + 4
9.	3 + 5 = ___	24.	6 + 3 = ___
10.	5 + 3 = ___	25.	___ = 7 + 2
11.	2 + 6 = ___	26.	___ = 7 + 12
12.	6 + 2 = ___	27.	___ = 17 + 2
13.	2 + 7 = ___	28.	___ = 5 + 4
14.	7 + 2 = ___	29.	19 = ___ + 14
15.	2 + 7 = ___	30.	15 + ___ = 19

الدرس 1 تمرين السرعة على الطرح الأساسي

أ

الرقم الصحيح:

الاسم _____ التاريخ _____

*اكتب الرقم المجهول. انتبه إلى العلامات.

1.	6 - 1 = ___	16.	8 - 2 = ___
2.	6 - 2 = ___	17.	8 - 6 = ___
3.	6 - 3 = ___	18.	7 - 3 = ___
4.	10 - 1 = ___	19.	7 - 4 = ___
5.	10 - 2 = ___	20.	8 - 4 = ___
6.	10 - 3 = ___	21.	9 - 4 = ___
7.	7 - 2 = ___	22.	9 - 5 = ___
8.	8 - 2 = ___	23.	9 - 6 = ___
9.	9 - 2 = ___	24.	9 - ___ = 6
10.	7 - 3 = ___	25.	9 - ___ = 2
11.	8 - 3 = ___	26.	___ - 8 = 2
12.	10 - 3 = ___	27.	___ - 9 = 2
13.	10 - 4 = ___	28.	___ - 9 = 10 - 7
14.	9 - 4 = ___	29.	9 - 5 = ___ - 3
15.	8 - 4 = ___	30.	___ - 6 = 9 - 7

ب

الاسم _____ التاريخ _____

الرقم الصحيح: _____

501 | الدرس 1 تمرين السرعة على الطرح الأساسي | قصة الوحدات

*اكتب الرقم المجهول. انتبه إلى العلامات.

1.	5 - 1 = ____	16.	6 - 2 = ____
2.	5 - 2 = ____	17.	6 - 4 = ____
3.	5 - 3 = ____	18.	8 - 3 = ____
4.	10 - 1 = ____	19.	8 - 5 = ____
5.	10 - 2 = ____	20.	8 - 6 = ____
6.	10 - 3 = ____	21.	9 - 3 = ____
7.	6 - 2 = ____	22.	9 - 6 = ____
8.	7 - 2 = ____	23.	9 - 7 = ____
9.	8 - 2 = ____	24.	____ - 9 = 5
10.	6 - 3 = ____	25.	____ - 9 = 4
11.	7 - 3 = ____	26.	____ - 8 = 4
12.	8 - 3 = ____	27.	____ - 9 = 4
13.	5 - 4 = ____	28.	____ - 9 = 8 - 10
14.	6 - 4 = ____	29.	7 - ____ = 6 - 8
15.	7 - 4 = ____	30.	6 - 9 = 4 - ____

67 | الدرس 1: صنف الأشكال بناءً على تحديد السمات باستخدام الأمثلة والمتغيرات وغير الأمثلة.

Copyright © Great Minds PBC

أ

الاسم _____ التاريخ _____

*اكتب الرقم المجهول. انتبه إلى العلامات.

1.	= 3 + 2	16.	= 3 + 3
2.	___ + 3 = 5	17.	= 3 - 6
3.	= 3 - 5	18.	3 + ___ = 6
4.	= 2 - 5	19.	= 5 + 2
5.	+ 2 = 5	20.	___ + 5 = 7
6.	= 5 + 1	21.	= 2 - 7
7.	___ + 1 = 6	22.	= 5 - 7
8.	= 1 - 6	23.	5 + ___ = 7
9.	= 5 - 6	24.	= 4 + 3
10.	+ 5 = 6	25.	___ + 4 = 7
11.	= 2 + 4	26.	= 4 - 7
12.	___ + 2 = 6	27.	3 + ___ = 7
13.	= 2 - 6	28.	- 7 = 3
14.	= 4 - 6	29.	4 - ___ = 5 - 7
15.	+ 4 = 6	30.	4 - 7 = 3 -

قصة الوحدات | تمرين السرعة على الإتقان الأساسي: مجاميع 5 و6 و7 | 1•5

ب

الاسم _____ التاريخ _____

الرقم الصحيح:

*اكتب الرقم المجهول. انتبه إلى العلامات.

16.	3 + 3 =	1.	1 + 4 =
17.	6 - 3 =	2.	___ + 4 = 5
18.	3 + ___ = 6	3.	5 - 4 =
19.	4 + 2 =	4.	5-1 =
20.	___ + 4 = 6	5.	+ 1 = 5
21.	6 - 2 =	6.	5 + 2 =
22.	6 - 4 =	7.	___ + 5 = 7
23.	4 + ___ = 6	8.	7 - 2 =
24.	4 + 3 =	9.	7 - 5 = ___
25.	___ + 4 = 7	10.	+ 2 = 7
26.	7 - 4 =	11.	1 + 5 =
27.	4 + ___ = 7	12.	___ + 1 = 6
28.	4 = 7 -	13.	6 - 1 =
29.	5 - ___ = 6 - 4	14.	6 - 5 =
30.	2 - 7 = 3	15.	+ 5 = 6

الدرس 1: صنّف الأشكال بناءً على تحديد السمات باستخدام الأمثلة والمتغيرات وغير الأمثلة.

71

أ

قصة الوحدات | تمرين السرعة على الإتقان الأساسي: مجاميع 8 و9 و10 | 5•1

الرقم الصحيح: ⭐

الاسم _____ التاريخ _____

*اكتب الرقم المجهول. انتبه إلى العلامات.

16.	= 6 + 2	1.	= 5 + 5
17.	+ 6 = 8	2.	10 = ____ + 5
18.	= 2 - 8	3.	= 5 - 10
19.	= 7 + 2	4.	= 1 + 9
20.	+ 7 = 9	5.	10 = ____ + 1
21.	= 7 - 9	6.	= 1 - 10
22.	2 + ____ = 8	7.	= 9 - 10
23.	= 6 - 8	8.	10 = 9 +
24.	= 6 + 3	9.	= 8 + 1
25.	+ 6 = 9	10.	9 = ____ + 8
26.	= 6 - 9	11.	= 1 - 9
27.	3 + ____ = 9	12.	= 8 - 9
28.	- 9 = 3	13.	9 = 1 +
29.	6 - ____ = 5 - 9	14.	= 4 + 4
30.	6 - 8 = 7 -	15.	= 4 - 8

ب

الاسم _____ التاريخ _____

الرقم الصحيح: ___

*اكتب الرقم المجهول. انتبه إلى العلامات.

1.	9 + 1 =	16.	3 + 5 =
2.	___ + 1 = 10	17.	8 = 5 +
3.	10 - 1 =	18.	8 - 3 =
4.	10 - 9 =	19.	2 + 6 =
5.	+ 9 = 10	20.	8 = 6 +
6.	1 + 7 =	21.	8 - 6 =
7.	___ + 7 = 8	22.	2 + 7 =
8.	8 - 1 =	23.	___ + 2 = 9
9.	8 - 7 =	24.	9 - 7 =
10.	+ 1 = 8	25.	4 + 5 =
11.	2 + 8 =	26.	9 = 5 +
12.	___ + 2 = 10	27.	9 - 5 =
13.	10 - 2 =	28.	5 = 9 -
14.	10 - 8 =	29.	9 - 6 = ___ - 5
15.	+ 8 = 10	30.	- 6 = 9 - 7

الاسم _____ التاريخ _____

المزيد من التدريبات على الجمع

21. ___ = 3 + 5	11. ___ = 1 + 7	1. ___ = 0 + 6
22. 4 + 5 = ___	12. 7 + 1 = ___	2. ___ = 6 + 0
23. ___ = 4 + 6	13. ___ = 3 + 3	3. ___ = 1 + 5
24. ___ = 6 + 4	14. ___ = 4 + 3	4. ___ = 5 + 1
25. 4 + 4 = ___	15. 5 + 3 = ___	5. ___ = 1 + 6
26. ___ = 4 + 3	16. ___ = 3 + 6	6. ___ = 6 + 1
27. ___ = 5 + 5	17. ___ = 3 + 7	7. ___ = 2 + 6
28. 5 + 4 = ___	18. 2 + 7 = ___	8. ___ = 2 + 5
29. ___ = 7 + 3	19. ___ = 7 + 2	9. ___ = 5 + 2
30. 6 + 3 = ___	20. ___ = 8 + 2	10. ___ = 4 + 2

لقد حللت اليوم _____ مسألة.

الاسم _____   التاريخ _____

تدريباتي على الأرقام المجموع عليها المفقودة

1. 6 + ___ = 6	11. 3 + ___ = 6	21. 4 + ___ = 7
2. 0 + ___ = 6	12. 4 + ___ = 8	22. 7 = 3 + ___
3. 5 + ___ = 6	13. 10 = 5 + ___	23. 2 + ___ = 7
4. 4 + ___ = 6	14. 5 + ___ = 9	24. 2 + ___ = 8
5. 0 + ___ = 7	15. 5 + ___ = 7	25. 9 = 2 + ___
6. 6 + ___ = 7	16. 8 = 5 + ___	26. 2 + ___ = 10
7. 1 + ___ = 7	17. 5 + ___ = 9	27. 10 = 3 + ___
8. 7 + ___ = 8	18. 8 + ___ = 10	28. 3 + ___ = 9
9. 1 + ___ = 8	19. 7 + ___ = 10	29. 4 + ___ = 9
10. 6 + ___ = 8	20. 10 = 6 + ___	30. 10 = 4 + ___

لقد حللت اليوم _____ مسألة.

لقد حللت _____ مسألة بشكل صحيح.

الاسم _____ التاريخ _____

تدريباتي المتعلقة بالجمع والطرح

1. 6 = ___ + 5	11. 10 = ___ + 7	21. 8 = ___ + 4
2. 6 = ___ + 1	12. 10 - 7 = ___	22. 8 - 4 = ___
3. 6 - 1 = ___	13. 7 = ___ + 5	23. 7 = ___ + 4
4. 10 = ___ + 9	14. 7 - 5 = ___	24. 7 - 4 = ___
5. 10 = ___ + 1	15. 8 = ___ + 5	25. 9 = ___ + 5
6. 10 - 9 = ___	16. 8 - 5 = ___	26. 9 - 5 = ___
7. 10 = ___ + 5	17. 6 = ___ + 4	27. 9 = ___ + 6
8. 10 - 5 = ___	18. 6 - 4 = ___	28. 9 - 6 = ___
9. 10 = ___ + 8	19. 6 = ___ + 3	29. 7 = ___ + 4
10. 10 - 8 = ___	20. 6 - 3 = ___	30. 7 - 4 = ___

لقد حللت اليوم _____ مسألة.

لقد حللت _____ مسألة بشكل صحيح.

الاسم _____ التاريخ _____

تمارين الطرح الخاصة بي

1. 6 - 0 = ___	11. 6 - 3 = ___	21. 8 - 4 = ___
2. 6 - 1 = ___	12. 7 - 3 = ___	22. 8 - 3 = ___
3. 7 - 1 = ___	13. 9 - 3 = ___	23. 8 - 5 = ___
4. 8 - 1 = ___	14. 10 - 8 = ___	24. 9 - 5 = ___
5. 6 - 2 = ___	15. 10 - 6 = ___	25. 9 - 4 = ___
6. 7 - 2 = ___	16. 10 - 4 = ___	26. 7 - 3 = ___
7. 9 - 2 = ___	17. 10 - 5 = ___	27. 10 - 7 = ___
8. 10 - 10 = ___	18. 7 - 6 = ___	28. 9 - 7 = ___
9. 10 - 9 = ___	19. 7 - 5 = ___	29. 9 - 6 = ___
10. 10 - 7 = ___	20. 6 - 4 = ___	30. 8 - 6 = ___

لقد حللت اليوم _____ مسألة.

لقد حللت _____ مسألة بشكل صحيح.

الاسم _____ التاريخ _____

تدريباتي المختلطة

1. ___ = 2 + 4
2. 6 = ___ + 2
3. ___ + 3 = 6
4. ___ = 5 + 2
5. ___ + 5 = 7
6. ___ = 3 + 4
7. 4 + ___ = 7
8. 4 + ___ = 8
9. ___ = 5 + 4
10. 4 + ___ = 9

11. 6 = ___ + 2
12. ___ = 2 - 6
13. ___ = 4 - 6
14. 7 = ___ + 5
15. ___ = 5 - 7
16. ___ = 4 - 7
17. ___ = 3 - 7
18. ___ + 6 = 8
19. ___ = 2 - 8
20. ___ = 6 - 8

21. ___ = 5 - 8
22. 8 = ___ + 3
23. 5 + ___ = 8
24. ___ + 2 = 9
25. 7 + ___ = 9
26. ___ = 2 - 9
27. ___ = 7 - 9
28. ___ = 6 - 9
29. 4 + ___ = 9
30. ___ = 6 - 9

لقد حللت اليوم _____ مسألة.

لقد حللت _____ مسألة بشكل صحيح.

الصف 1

الوحدة 6

قصة الوحدات — الدرس 1 مجموعة التدريبات أ على الإتقان الأساسي

الاسم _____ التاريخ _____

المزيد من التدريبات على الجمع

1. 6 + 0 = ____	11. 1 + 7 = ____	21. 3 + 5 = ____
2. 6 + 0 = ____	12. 7 + 1 = ____	22. 4 + 5 = ____
3. 1 + 5 = ____	13. 3 + 3 = ____	23. 4 + 6 = ____
4. 5 + 1 = ____	14. 4 + 3 = ____	24. 6 + 4 = ____
5. 1 + 6 = ____	15. 5 + 3 = ____	25. 4 + 4 = ____
6. 6 + 1 = ____	16. 3 + 6 = ____	26. 4 + 3 = ____
7. 2 + 6 = ____	17. 3 + 7 = ____	27. 5 + 5 = ____
8. 2 + 5 = ____	18. 2 + 7 = ____	28. 5 + 4 = ____
9. 5 + 2 = ____	19. 7 + 2 = ____	29. 7 + 3 = ____
10. 4 + 2 = ____	20. 8 + 2 = ____	30. 6 + 3 = ____

لقد حللت اليوم _____ مسألة.

لقد حللت _____ مسألة بشكل صحيح.

الدرس 1: حل بالمقارنة بين أنواع مسائل المجاهيل المختلفة.

قصة الوحدات الدرس 1 مجموعة التدريبات ب على الإتقان الأساسي

الاسم _____ التاريخ _____

تدريباتي على الأرقام المجموع عليها المفقودة

1. 6 = ___ + 6	11. 6 = ___ + 3	21. 7 = ___ + 4
2. 6 = ___ + 0	12. 8 = ___ + 4	22. ___ + 3 = 7
3. 6 = ___ + 5	13. ___ + 5 = 10	23. 7 = ___ + 2
4. 6 = ___ + 4	14. 9 = ___ + 5	24. 8 = ___ + 2
5. 7 = ___ + 0	15. 7 = ___ + 5	25. ___ + 2 = 9
6. 7 = ___ + 6	16. ___ + 5 = 8	26. 10 = ___ + 2
7. 7 = ___ + 1	17. 9 = ___ + 5	27. ___ + 3 = 10
8. 8 = ___ + 7	18. 10 = ___ + 8	28. 9 = ___ + 3
9. 8 = ___ + 1	19. 10 = ___ + 7	29. 9 = ___ + 4
10. 8 = ___ + 6	20. ___ + 6 = 10	30. ___ + 4 = 10

لقد حللت اليوم _____ مسألة.

لقد حللت _____ مسألة بشكل صحيح.

الاسم _____ التاريخ _____

تدريباتي المتعلقة بالجمع والطرح

1. 6 = ___ + 5	11. 10 = ___ + 7	21. 8 = ___ + 4
2. 6 = ___ + 1	12. ___ = 10 - 7	22. ___ = 8 - 4
3. ___ = 6 - 1	13. 7 = ___ + 5	23. 7 = ___ + 4
4. 10 = ___ + 9	14. ___ = 7 - 5	24. ___ = 7 - 4
5. 10 = ___ + 1	15. 8 = ___ + 5	25. 9 = ___ + 5
6. ___ = 10 - 9	16. ___ = 8 - 5	26. ___ = 9 - 5
7. 10 = ___ + 5	17. 6 = ___ + 4	27. 9 = ___ + 6
8. ___ = 10 - 5	18. ___ = 6 - 4	28. ___ = 9 - 6
9. 10 = ___ + 8	19. 6 = ___ + 3	29. 7 = ___ + 4
10. ___ = 10 - 8	20. ___ = 6 - 3	30. ___ = 7 - 4

لقد حللت اليوم _____ مسألة.

لقد حللت _____ مسألة بشكل صحيح.

الاسم _____ التاريخ _____

تدريباتي على الطرح

1. 6 - 0 = ____	11. 6 - 3 = ____	21. 8 - 4 = ____
2. 6 - 1 = ____	12. 7 - 3 = ____	22. 8 - 3 = ____
3. 7 - 1 = ____	13. 9 - 3 = ____	23. 8 - 5 = ____
4. 8 - 1 = ____	14. 10 - 8 = ____	24. 9 - 5 = ____
5. 6 - 2 = ____	15. 10 - 6 = ____	25. 9 - 4 = ____
6. 7 - 2 = ____	16. 10 - 4 = ____	26. 7 - 3 = ____
7. 9 - 2 = ____	17. 10 - 5 = ____	27. 10 - 7 = ____
8. 10 - 10 = ____	18. 7 - 6 = ____	28. 9 - 7 = ____
9. 10 - 9 = ____	19. 7 - 5 = ____	29. 9 - 6 = ____
10. 10 - 7 = ____	20. 6 - 4 = ____	30. 8 - 6 = ____

لقد حللت اليوم _____ مسألة.

لقد حللت _____ مسألة بشكل صحيح.

الاسم _____ التاريخ _____

تدريباتي المختلطة

1. ___ = 2 + 4	11. ___ + 2 = 6	21. ___ = 5 - 8
2. 6 = ___ + 2	12. ___ = 2 - 6	22. 8 = ___ + 3
3. ___ + 3 = 6	13. ___ = 4 - 6	23. 5 + ___ = 8
4. ___ = 5 + 2	14. 7 = ___ + 5	24. 9 = 2 + ___
5. ___ + 5 = 7	15. ___ = 5 - 7	25. 7 + ___ = 9
6. ___ = 3 + 4	16. ___ = 4 - 7	26. ___ = 2 - 9
7. 4 + ___ = 7	17. ___ = 3 - 7	27. ___ = 7 - 9
8. 4 + ___ = 8	18. ___ + 6 = 8	28. ___ = 6 - 9
9. ___ = 5 + 4	19. ___ = 2 - 8	29. 4 + ___ = 9
10. 4 + ___ = 9	20. ___ = 6 - 8	30. ___ = 6 - 9

لقد حللت اليوم _____ مسألة.

لقد حللت _____ مسألة بشكل صحيح.

أ

الاسم _____ التاريخ _____

الرقم الصحيح: ⬡

*اكتب الرقم المجهول. انتبه إلى العلامات.

1.	___ = 1 + 4	16.	___ = 3 + 4
2.	___ = 2 + 4	17.	7 = 4 + ___
3.	___ = 3 + 4	18.	4 + ___ = 7
4.	___ = 1 + 6	19.	___ = 4 + 5
5.	___ = 2 + 6	20.	9 = 5 + ___
6.	___ = 3 + 6	21.	4 + ___ = 9
7.	___ = 5 + 1	22.	___ = 7 + 2
8.	___ = 5 + 2	23.	9 = 2 + ___
9.	___ = 5 + 3	24.	7 + ___ = 9
10.	8 = ___ + 5	25.	___ = 6 + 3
11.	___ + 3 = 8	26.	9 = 3 + ___
12.	___ = 2 + 7	27.	6 + ___ = 9
13.	___ = 3 + 7	28.	2 + ___ = 4 + 4
14.	10 = ___ + 7	29.	3 + ___ = 4 + 5
15.	10 = 7 + ___	30.	6 + 3 = 7 + ___

ب

الاسم _____ التاريخ _____

الرقم الصحيح: _____

*اكتب الرقم المجهول. انتبه إلى العلامات.

1.	___ = 1 + 5	16.	___ = 4 + 2
2.	___ = 2 + 5	17.	6 = 4 + ___
3.	___ = 3 + 5	18.	4 + ___ = 6
4.	___ = 1 + 4	19.	___ = 4 + 3
5.	___ = 2 + 4	20.	7 = 3 + ___
6.	___ = 3 + 4	21.	4 + ___ = 7
7.	___ = 3 + 1	22.	___ = 5 + 4
8.	___ = 3 + 2	23.	9 = 4 + ___
9.	___ = 3 + 3	24.	5 + ___ = 9
10.	6 = ___ + 3	25.	___ = 6 + 2
11.	6 = 3 + ___	26.	9 = 6 + ___
12.	___ = 2 + 5	27.	2 + ___ = 9
13.	___ = 3 + 5	28.	4 + ___ = 3 + 3
14.	8 = ___ + 5	29.	5 + ___ = 4 + 3
15.	8 = 3 + ___	30.	7 + 2 = 6 + ___

أ

الدرس 3 تمرين السرعة 2 على الجمع الأساسي

الرقم الصحيح:

الاسم _____ التاريخ _____

*اكتب الرقم المجهول. انتبه إلى علامة يساوي.

16.	4 + 5 = ___	1.	___ = 2 + 5
17.	5 + 4 = ___	2.	___ = 2 + 6
18.	___ = 3 + 6	3.	___ = 2 + 7
19.	___ = 6 + 3	4.	___ = 3 + 4
20.	6 + 2 = ___	5.	___ = 3 + 5
21.	___ = 7 + 2	6.	___ = 3 + 6
22.	4 + 3 = ___	7.	2 + 6 = ___
23.	___ = 6 + 3	8.	6 + 2 = ___
24.	5 + 4 = ___	9.	2 + 7 = ___
25.	___ = 4 + 3	10.	7 + 2 = ___
26.	___ = 4 + 13	11.	3 + 4 = ___
27.	___ = 14 + 3	12.	4 + 3 = ___
28.	___ = 6 + 3	13.	3 + 5 = ___
29.	19 = ___ + 13	14.	5 + 3 = ___
30.	16 + ___ = 19	15.	4 + 3 = ___

ب

الاسم _____   التاريخ _____   الرقم الصحيح: _____

*اكتب الرقم المجهول. انتبه إلى علامة يساوي.

1.	____ = 3 + 4	16.	3 + 6 = ____
2.	____ = 3 + 5	17.	6 + 3 = ____
3.	____ = 3 + 6	18.	____ = 4 + 5
4.	____ = 2 + 6	19.	____ = 5 + 4
5.	____ = 2 + 7	20.	7 + 2 = ____
6.	____ = 4 + 5	21.	____ = 6 + 2
7.	3 + 4 = ____	22.	4 + 3 = ____
8.	4 + 3 = ____	23.	____ = 5 + 4
9.	3 + 5 = ____	24.	6 + 3 = ____
10.	5 + 3 = ____	25.	____ = 7 + 2
11.	2 + 6 = ____	26.	____ = 7 + 12
12.	6 + 2 = ____	27.	____ = 17 + 2
13.	2 + 7 = ____	28.	____ = 5 + 4
14.	7 + 2 = ____	29.	19 = ____ + 14
15.	2 + 7 = ____	30.	15 + ____ = 19

أ

الاسم _____
التاريخ _____
الرقم الصحيح: ⭐

*اكتب الرقم المجهول. انتبه إلى العلامات.

1.	___ = 6 - 1	16.	___ = 8 - 2
2.	___ = 6 - 2	17.	___ = 8 - 6
3.	___ = 6 - 3	18.	___ = 7 - 3
4.	___ = 10 - 1	19.	___ = 7 - 4
5.	___ = 10 - 2	20.	___ = 8 - 4
6.	___ = 10 - 3	21.	___ = 9 - 4
7.	___ = 7 - 2	22.	___ = 9 - 5
8.	___ = 8 - 2	23.	___ = 9 - 6
9.	___ = 9 - 2	24.	9 - ___ = 6
10.	___ = 7 - 3	25.	9 - ___ = 2
11.	___ = 8 - 3	26.	___ - 8 = 2
12.	___ = 10 - 3	27.	___ - 9 = 2
13.	___ = 10 - 4	28.	___ - 9 = 10 - 7
14.	___ = 9 - 4	29.	9 - 5 = ___ - 3
15.	___ = 8 - 4	30.	___ - 6 = 9 - 7

ب

الاسم _____ التاريخ _____

الرقم الصحيح: ⬡

*اكتب الرقم المجهول. انتبه إلى العلامات.

1.	5 - 1 = ____	16.	6 - 2 = ____
2.	5 - 2 = ____	17.	6 - 4 = ____
3.	5 - 3 = ____	18.	8 - 3 = ____
4.	10 - 1 = ____	19.	8 - 5 = ____
5.	10 - 2 = ____	20.	8 - 6 = ____
6.	10 - 3 = ____	21.	9 - 3 = ____
7.	6 - 2 = ____	22.	9 - 6 = ____
8.	7 - 2 = ____	23.	9 - 7 = ____
9.	8 - 2 = ____	24.	____ - 9 = 5
10.	6 - 3 = ____	25.	____ - 9 = 4
11.	7 - 3 = ____	26.	____ - 8 = 4
12.	8 - 3 = ____	27.	____ - 9 = 4
13.	5 - 4 = ____	28.	____ - 9 = 8 - 10
14.	6 - 4 = ____	29.	7 - ____ = 6 - 8
15.	7 - 4 = ____	30.	6 - 9 = 4 - ____

أ

الاسم _____ التاريخ _____

الرقم الصحيح: ____

*اكتب الرقم المجهول. انتبه إلى العلامات.

1.	____ = 3 + 2	16.	____ = 3 + 3
2.	5 = ____ + 3	17.	____ = 3 - 6
3.	____ = 3 - 5	18.	3 + ____ = 6
4.	____ = 2 - 5	19.	____ = 5 + 2
5.	5 = 2 + ____	20.	7 = ____ + 5
6.	____ = 5 + 1	21.	____ = 2 - 7
7.	6 = ____ + 1	22.	____ = 5 - 7
8.	____ = 1 - 6	23.	5 + ____ = 7
9.	____ = 5 - 6	24.	____ = 4 + 3
10.	6 = 5 + ____	25.	7 = ____ + 4
11.	____ = 2 + 4	26.	____ = 4 - 7
12.	6 = ____ + 2	27.	3 + ____ = 7
13.	____ = 2 - 6	28.	____ - 7 = 3
14.	____ = 4 - 6	29.	4 - ____ = 5 - 7
15.	6 = 4 + ____	30.	4 - 7 = 3 - ____

1.	___ = 4 + 1	16.	___ = 3 + 3
2.	5 = ___ + 4	17.	___ = 3 - 6
3.	___ = 4 - 5	18.	3 + ___ = 6
4.	___ = 1 - 5	19.	___ = 4 + 2
5.	5 = 1 + ___	20.	6 = ___ + 4
6.	___ = 2 + 7	21.	___ = 2 - 6
7.	7 = ___ + 5	22.	___ = 4 - 6
8.	___ = 2 - 7	23.	4 + ___ = 6
9.	___ = 5 - 7	24.	___ = 4 + 3
10.	7 = 2 + ___	25.	7 = ___ + 4
11.	___ = 5 + 1	26.	___ = 4 - 7
12.	6 = ___ + 1	27.	4 + ___ = 7
13.	___ = 1 - 6	28.	___ - 7 = 4
14.	___ = 5 - 6	29.	5 - ___ = 4 - 6
15.	6 = 5 + ___	30.	3 - 7 = 4 - ___

____ = 6 + 2	16.	____ = 5 + 5	1.
____ + 6 = 8	17.	10 = ____ + 5	2.
____ = 2 - 8	18.	____ = 5 - 10	3.
____ = 7 + 2	19.	____ = 1 + 9	4.
____ + 7 = 9	20.	10 = ____ + 1	5.
____ = 7 - 9	21.	____ = 1 - 10	6.
2 + ____ = 8	22.	____ = 9 - 10	7.
____ = 6 - 8	23.	10 = 9 + ____	8.
____ = 6 + 3	24.	____ = 8 + 1	9.
____ + 6 = 9	25.	9 = ____ + 8	10.
____ = 6 - 9	26.	____ = 1 - 9	11.
3 + ____ = 9	27.	____ = 8 - 9	12.
____ - 9 = 3	28.	9 = 1 + ____	13.
6 - ____ = 5 - 9	29.	____ = 4 + 4	14.
6 - 8 = 7 - ____	30.	____ = 4 - 8	15.

ب

الاسم _____ **التاريخ** _____

الرقم الصحيح: ⬢

*اكتب الرقم المجهول. انتبه إلى العلامات.

.1	____ = 1 + 9	.16	____ = 5 + 3
.2	10 = ____ + 1	.17	____ + 5 = 8
.3	____ = 1 - 10	.18	____ = 3 - 8
.4	____ = 9 - 10	.19	____ = 6 + 2
.5	10 = 9 + ____	.20	____ + 6 = 8
.6	____ = 7 + 1	.21	____ = 6 - 8
.7	8 = ____ + 7	.22	____ = 7 + 2
.8	____ = 1 - 8	.23	2 + ____ = 9
.9	____ = 7 - 8	.24	____ = 7 - 9
.10	8 = 1 + ____	.25	____ = 5 + 4
.11	____ = 8 + 2	.26	____ + 5 = 9
.12	10 = ____ + 2	.27	____ = 5 - 9
.13	____ = 2 - 10	.28	____ - 9 = 5
.14	____ = 8 - 10	.29	5 - ____ = 6 - 9
.15	10 = 8 + ____	.30	7 - 9 = 6 - ____

الدرس 9 تمرين السرعة

أ

الاسم _____ التاريخ _____

الرقم الصحيح:

*اكتب الرقم الناقص. انتبه إلى علامتي الجمع أو الطرح.

	□ = 10 + 29	16.		□ = 1 + 5	1.
	□ = 1 + 9	17.		□ = 1 + 15	2.
	□ = 1 + 19	18.		□ = 1 + 25	3.
	□ = 1 + 29	19.		□ = 10 + 5	4.
	□ = 1 + 39	20.		□ = 10 + 15	5.
	□ = 1 - 40	21.		□ = 10 + 25	6.
	□ = 1 - 30	22.		□ = 1 - 8	7.
	□ = 1 - 20	23.		□ = 1 - 18	8.
	21 = □ + 20	24.		□ = 1 - 28	9.
	30 = □ + 20	25.		□ = 1 - 38	10.
	37 = □ + 27	26.		□ = 10 - 38	11.
	28 = □ + 27	27.		□ = 10 - 28	12.
	34 = 10 + □	28.		□ = 10 - 18	13.
	14 = 10 - □	29.		□ = 10 + 9	14.
	24 = 10 - □	30.		□ = 10 + 19	15.

الدرس 9: مثل ما يصل إلى 120 كائنًا بالأعداد المكتوبة.

ب

قصة الوحدات — الدرس 9 تمرين السرعة

الرقم الصحيح: _____

الاسم _____ التاريخ _____

*اكتب الرقم الناقص. انتبه إلى علامتي الجمع أو الطرح.

	☐ = 10 + 28	16.	☐ = 1 + 4	1.
	☐ = 1 + 9	17.	☐ = 1 + 14	2.
	☐ = 1 + 19	18.	☐ = 1 + 24	3.
	☐ = 1 + 29	19.	☐ = 10 + 6	4.
	☐ = 1 + 39	20.	☐ = 10 + 16	5.
	☐ = 1 − 40	21.	☐ = 10 + 26	6.
	☐ = 1 − 30	22.	☐ = 1 − 7	7.
	☐ = 1 − 20	23.	☐ = 1 − 17	8.
	11 = ☐ + 10	24.	☐ = 1 − 27	9.
	20 = ☐ + 10	25.	☐ = 1 − 37	10.
	32 = ☐ + 22	26.	☐ = 10 − 37	11.
	23 = ☐ + 22	27.	☐ = 10 − 27	12.
	39 = 10 + ☐	28.	☐ = 10 − 17	13.
	19 = 10 − ☐	29.	☐ = 10 + 8	14.
	29 = 10 − ☐	30.	☐ = 10 + 18	15.

| 6●1 | الدرس 5 نموذج الإتقان | | | | | | | | قصة الوحدات |

الاسم _____ التاريخ _____

سباق إلى القمة!

12	11	10	9	8	7	6	5	4	3	2

سباق إلى القمة

الدرس 10: اجمع واطرح مضاعفات العدد 10 من مضاعفات الأعداد من 10 إلى 100، وتشمل الدايمات.

الدرس 18 نموذج الإتقان

قائمة أ

الاسم _____

الشريك _____

المثال

الخطوة 1: أعد كتابة 4 - 1 4 = _____ + 1 as.

الخطوة 2: بدل الأوراق وحل.

1. 10 - 9 = _____
2. 10 - 8 = _____
3. 9 - 8 = _____
4. 9 - 6 = _____
5. 8 - 6 = _____
6. 7 - 4 = _____
7. 7 - 5 = _____
8. 8 - 5 = _____
9. 9 - 5 = _____
10. 9 - 6 = _____

قائمة ب

الاسم _____

الشريك _____

المثال

الخطوة 1: أعد كتابة 4 - 1 4 = _____ + 1 as.

الخطوة 2: بدل الأوراق وحل.

1. 10 - 8 = _____
2. 10 - 7 = _____
3. 8 - 7 = _____
4. 8 - 6 = _____
5. 9 - 6 = _____
6. 7 - 6 = _____
7. 7 - 5 = _____
8. 7 - 4 = _____
9. 8 - 5 = _____
10. 6 - 4 = _____

قائمة ورقة النمط أ و ب

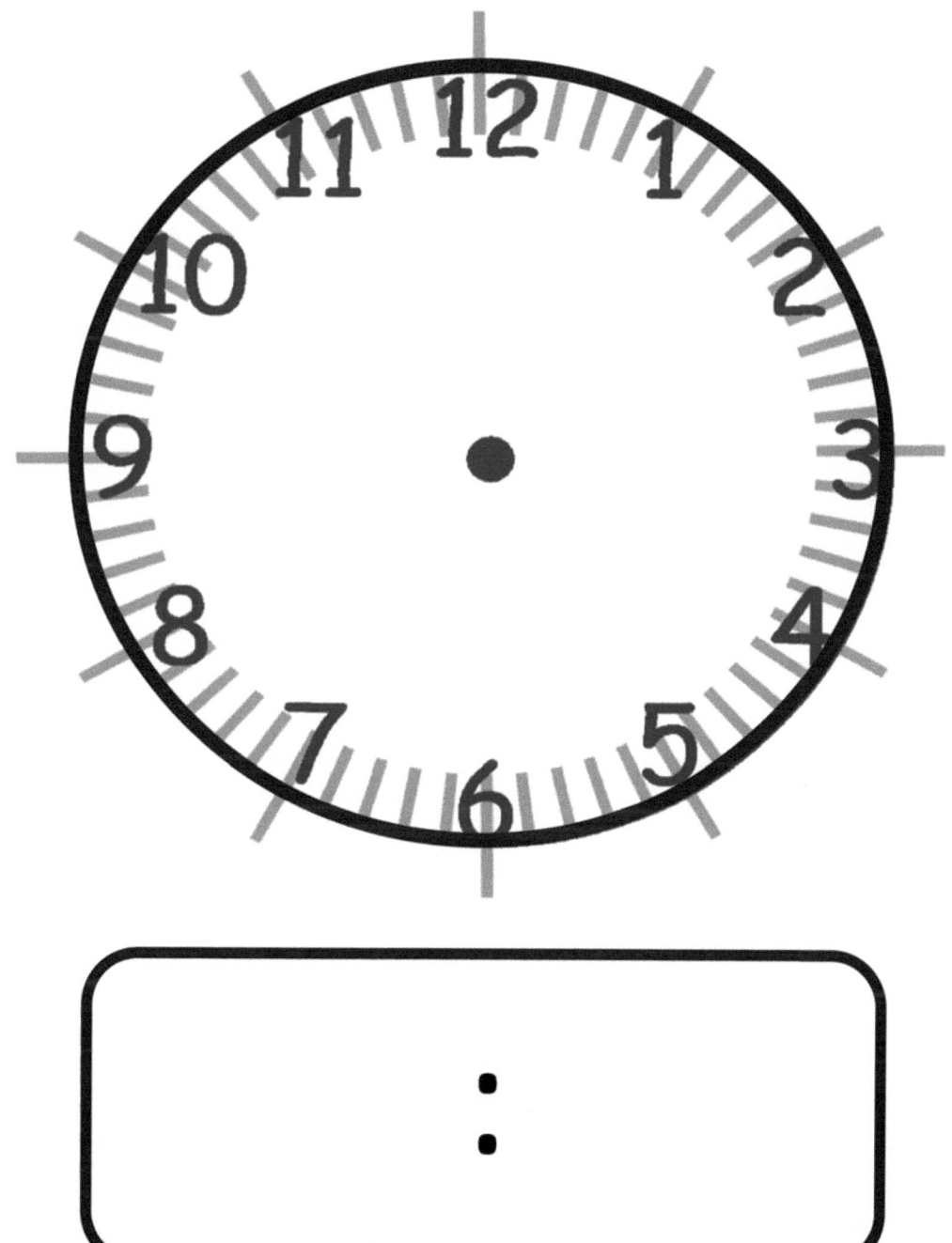

إنها الساعة _____ والنصف.   إنها الساعة _____

ورقة تسجيل الوقت

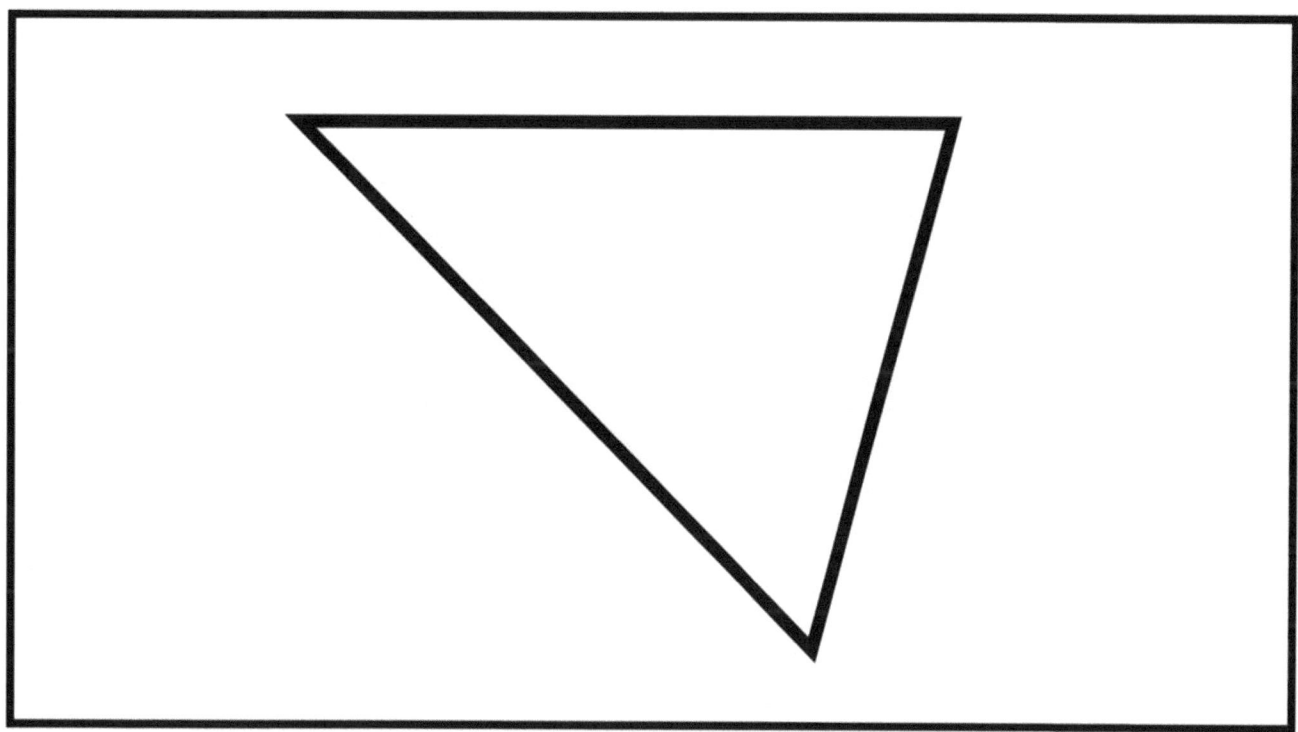
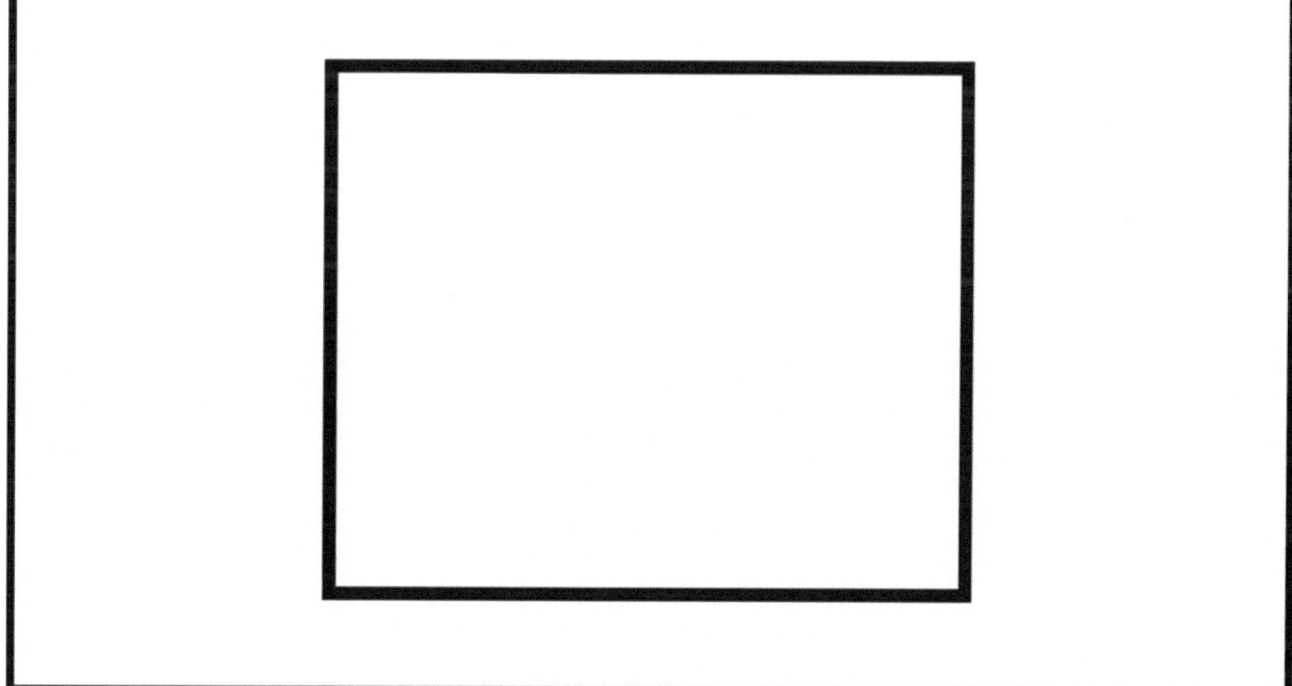

بطاقات تعليمية على شكل ثنائي الأبعاد

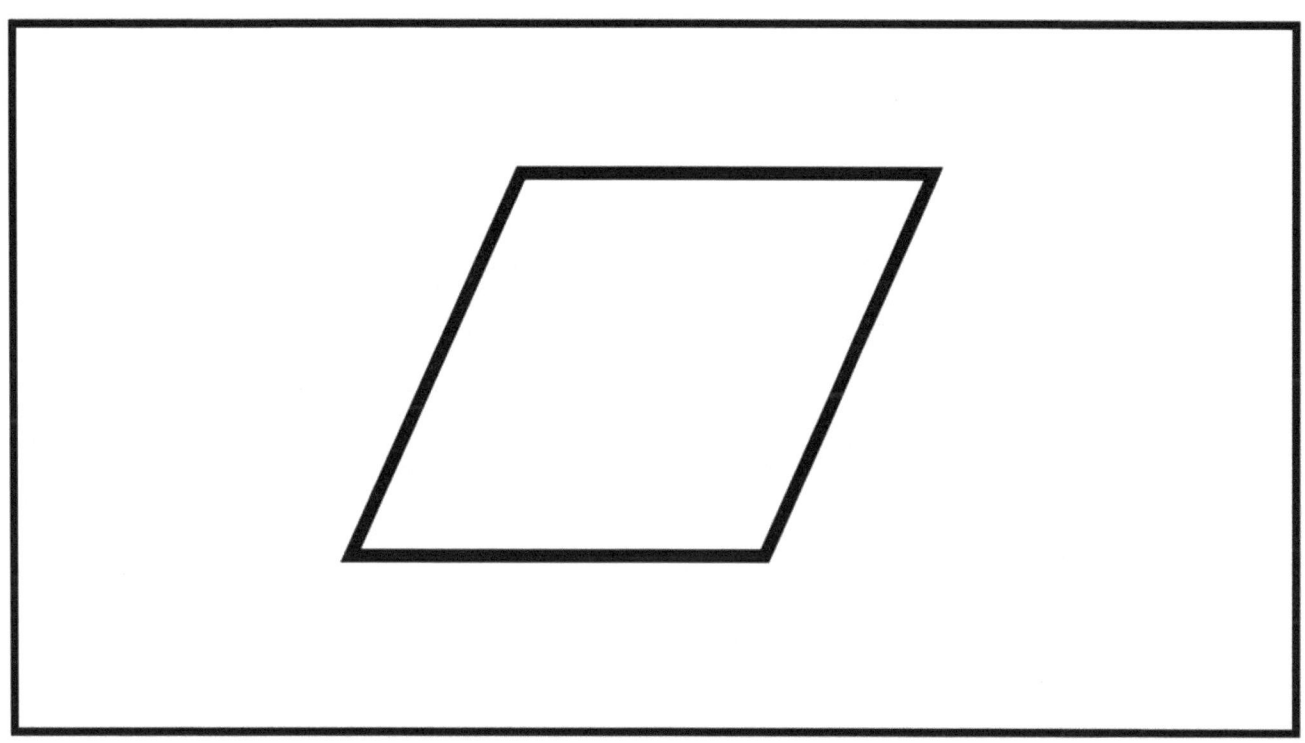

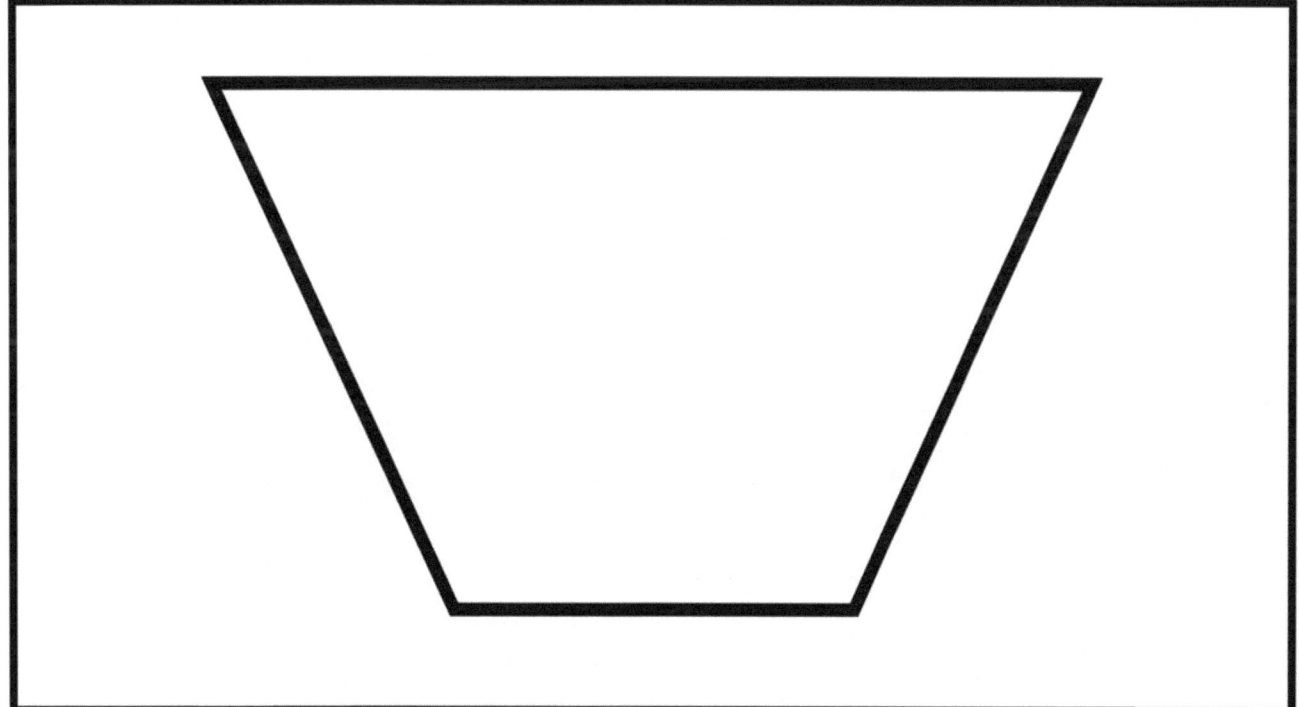

بطاقات تعليمية على شكل ثنائي الأبعاد

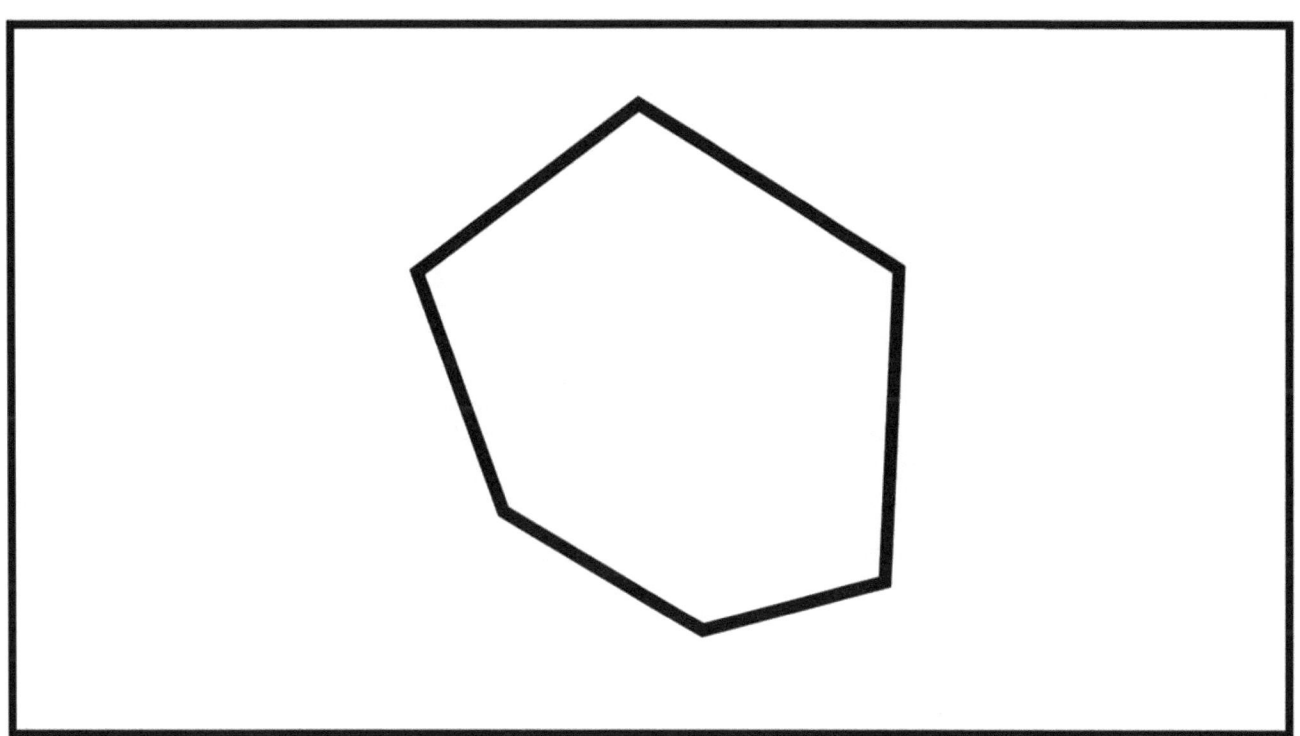

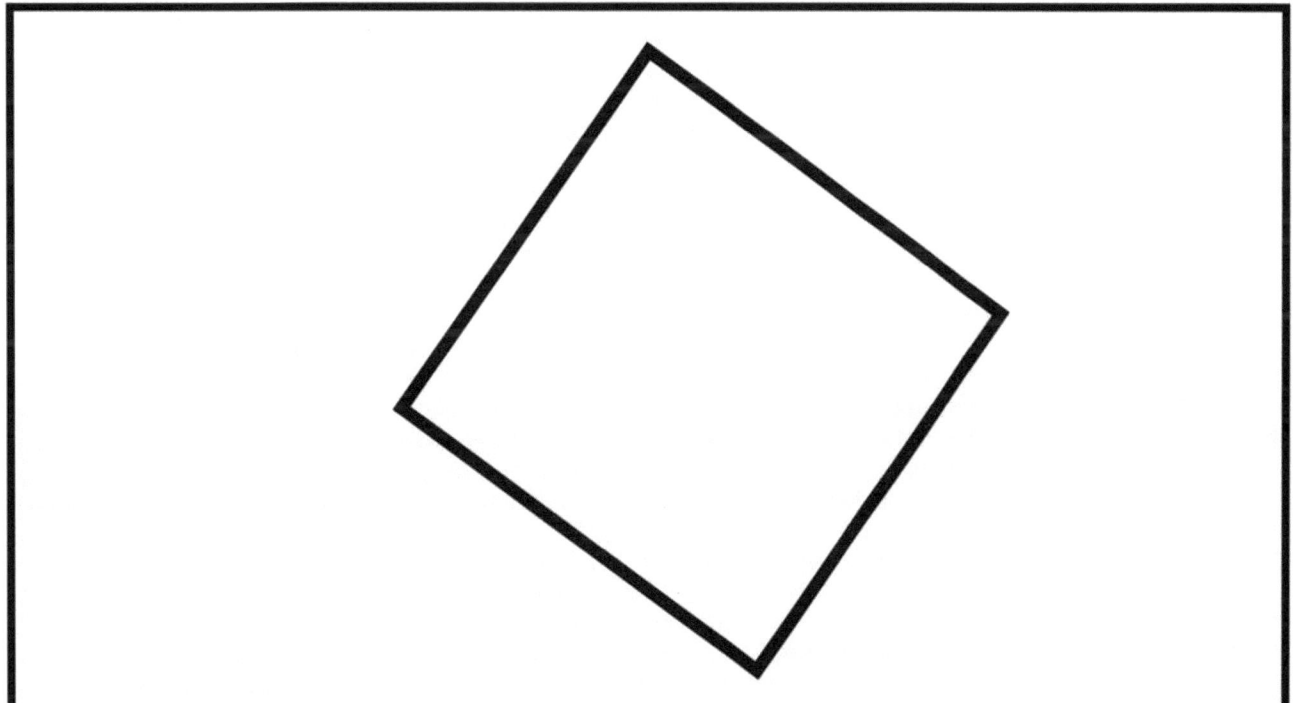

بطاقات تعليمية على شكل ثنائي الأبعاد

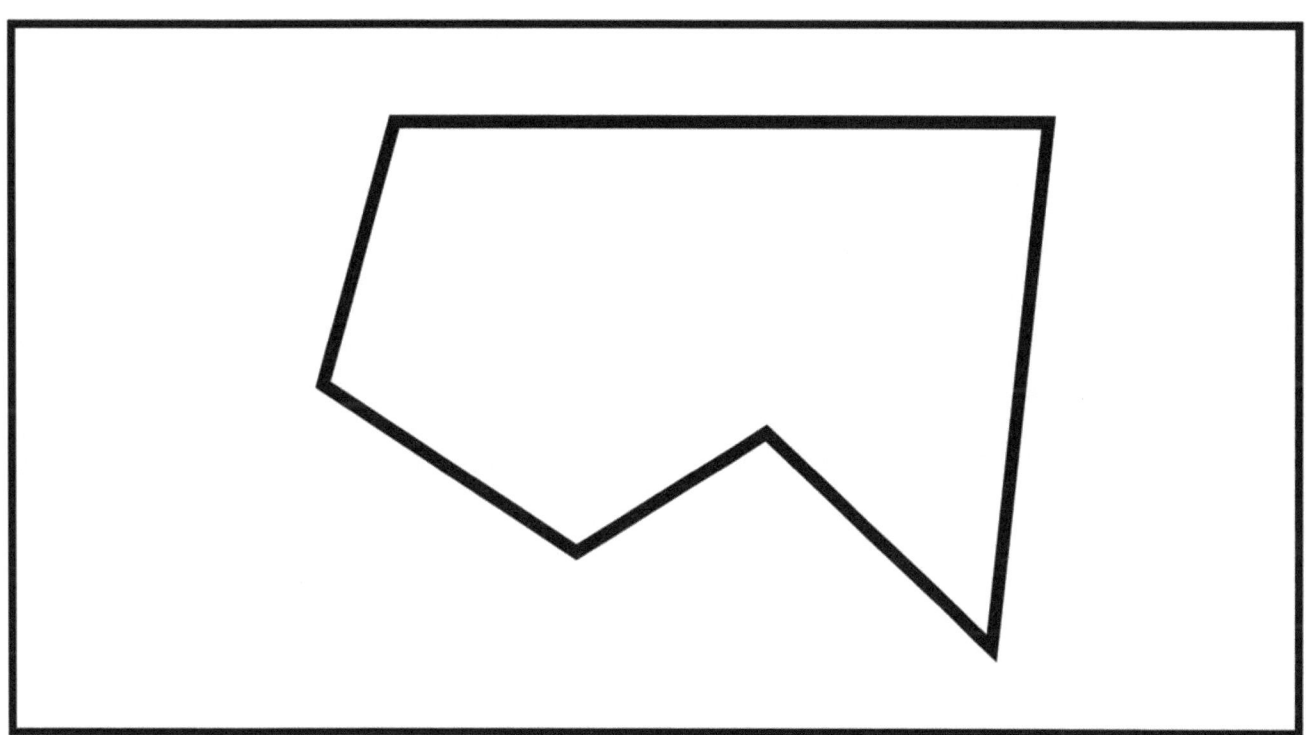
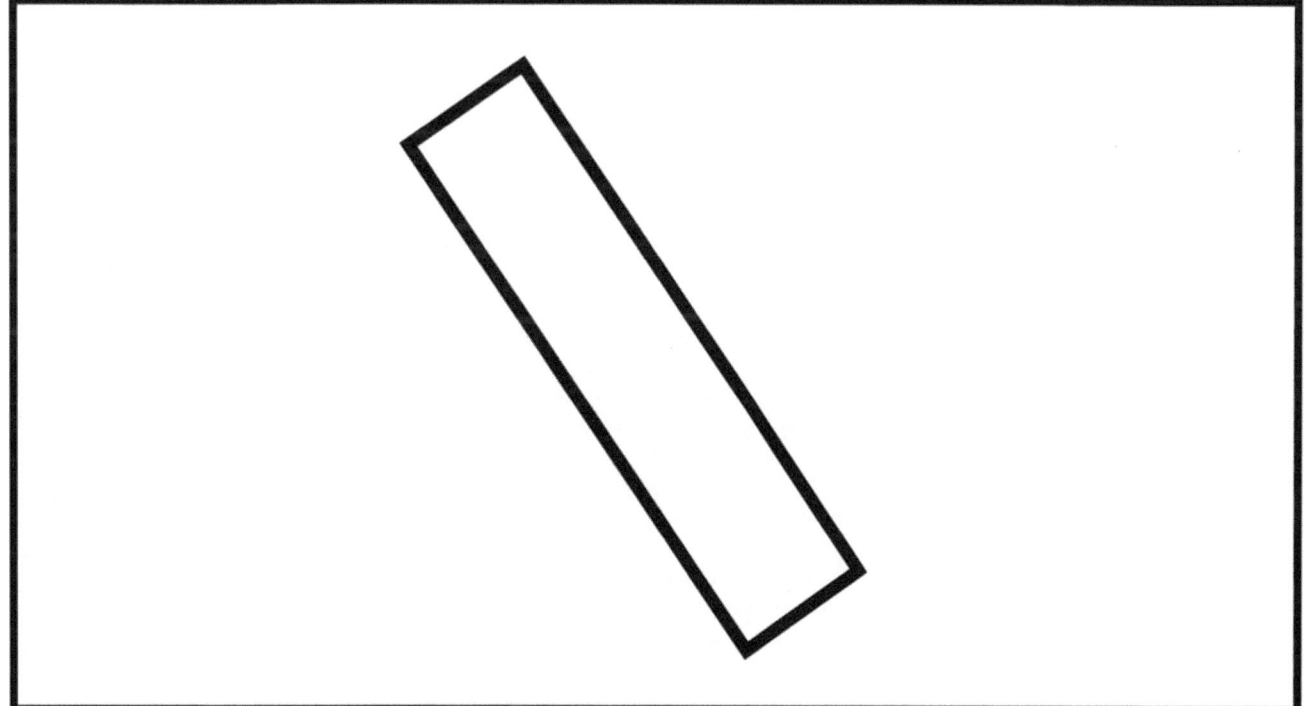

بطاقات تعليمية على شكل ثنائي الأبعاد

أشكال ثلاثية الأبعاد	أشكال ثنائية الأبعاد
شكل كروي	دائرة
مخروط الشكل	مثلث
أسطواني الشكل	مستطيل
متوازي مستطيلات	معين
مكعب	مربع
	شبه منحرف
	شكل سداسي

_____ زوايا	_____ زوايا
_____ أوجه	_____ زوايا المربع
_____ أضلاع مستقيمة	_____ أضلاع
هل كل الأوجه لها نفس الشكل؟	هل كل الأضلاع متساوية الطول؟
نعم لا	نعم لا

ورقة تسجيل الأشكال

قصة الوحدات

أ

الدرس 28 تمرين السرعة 1•6

الرقم الصحيح:

الاسم _____ التاريخ _____

*اكتب عدد النقط. حاول إيجاد أساليب لجمع النقاط لتسهيل عملية العد!

		16. ••••• ••••		1. ••
		17. ••••• •••		2. •••
		18. ••••• •••••		3. ••••
		19. ••••• •••		4. •••
		20. ••••• •		5. •
		21. ••••• ••••		6. ••••
		22. ••••• •••••		7. •••••
		23. •••• ••••		8. ••••
		24. •••• •••		9. ••••• •
		25. •• ••• •••••		10. ••••• ••
		26. ••••• ••		11. •••••
		27. •• ••• •••		12. ••••
		28. •• ••• ••		13. ••••• •
		29. ••• ••		14. ••••• •••
		30. •••• ••		15. ••••• ••

الدرس 28: احتفل بتقدمك فيي دروس الإتقان عبر الجمع والطرح ضمن العدد 10 (و20). نظم تدريبات صيفية مشوقة.

139

EUREKA MATH

Copyright © Great Minds PBC

ب

الاسم _____ التاريخ _____ الرقم الصحيح: ____

*اكتب عدد النقط. حاول إيجاد أساليب لجمع النقاط لتسهيل عملية العد!

	16. ••••• •••		1. •	
	17. ••••• ••••		2. ••	
	18. ••••• •••		3. •	
	19. ••••• ••••		4. ••••	
	20. ••••• •••••		5. •••	
	21. ••••• ••••		6. •••••	
	22. ••••• •••••		7. ••••	
	23. •••• ••••		8. •••••	
	24. ••••• •••••		9. ••••• ••	
	25. •• •••••		10. ••••• •	
	26. ••• •••		11. ••••• •••	
	27. ••• •• •••		12. ••••• •	
	28.		13. •••••	
	29.		14. ••••• ••	
	30.		15. ••••• •	

تدريبات مستهدفة

رقم الهدف:

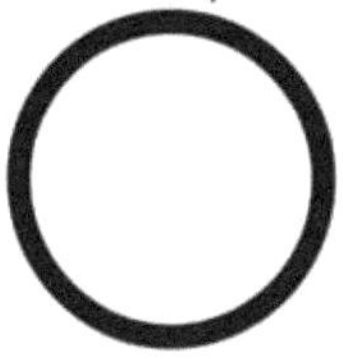

اختر رقمًا مستهدفًا ما بين 6 و10، واكتبه في وسط دائرة على رأس الصفحة. دحرج النرد. اكتب الرقم الظاهر بعد دحرجة النرد في الدائرة الموجودة بنهاية أحد الأسهم. ثم، صوّب على مركز الهدف بواسطة كتابة الرقم المطلوب لجعل هدفك في الدائرة الأخرى.

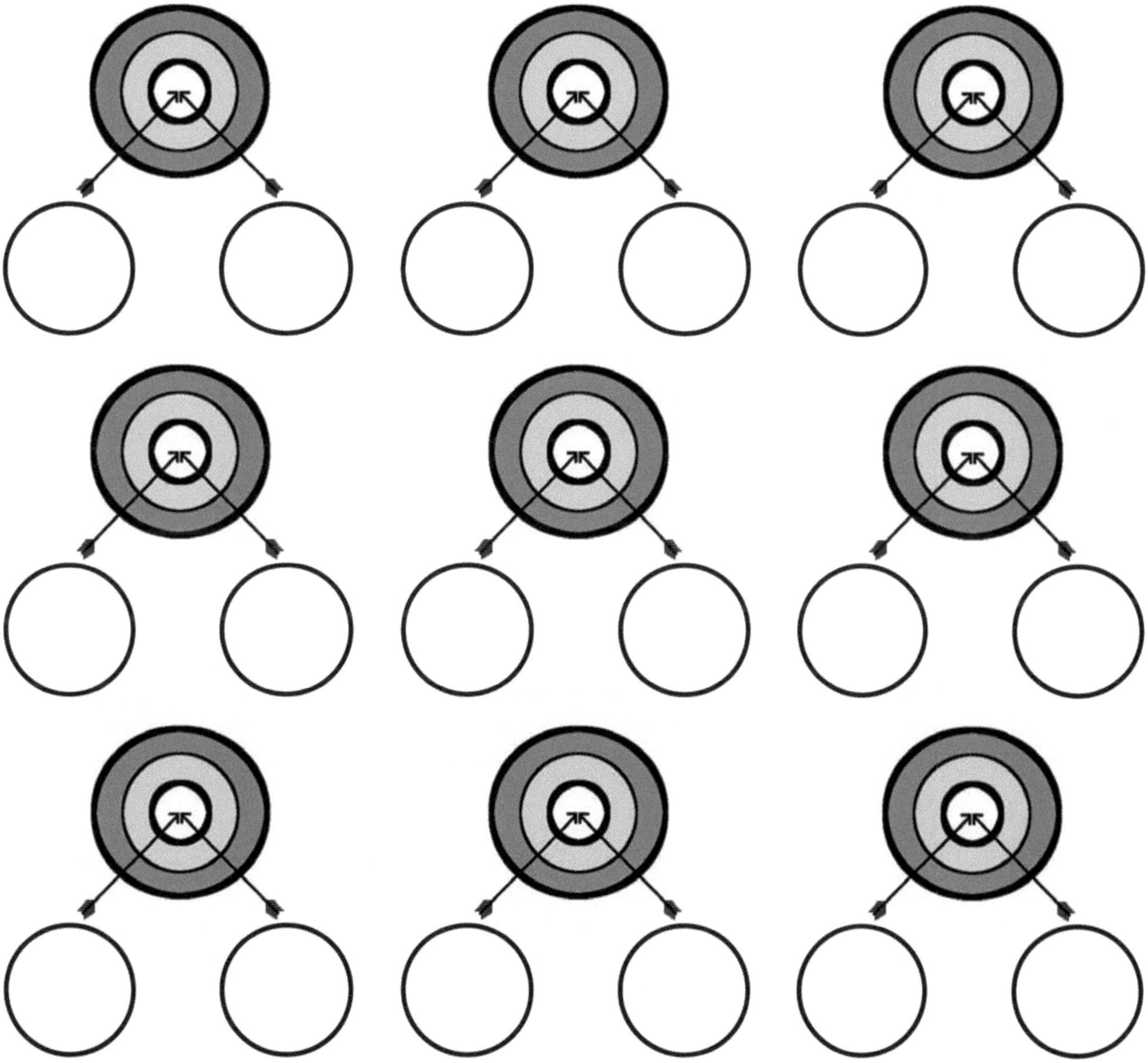

الهدف من كتاب الممارسة

الاسم _____ التاريخ _____

سباق إلى القمة!

12	11	10	9	8	7	6	5	4	3	2

سباق إلى القمة

الاسم _____ التاريخ _____

شحطة الرابط الرقمي!

الإرشادات: ابذل قصار جهدك خلال 90 ثانية.

اكتب مجموع ما انتهيت منه هنا:

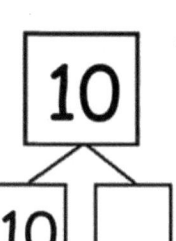 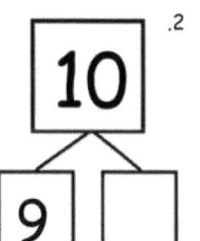 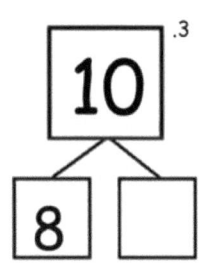 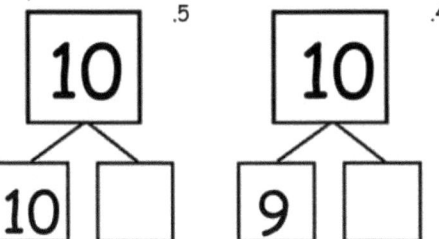

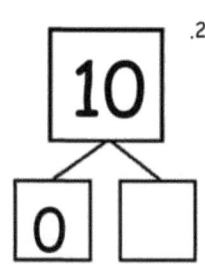 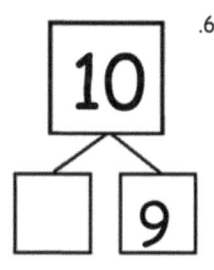 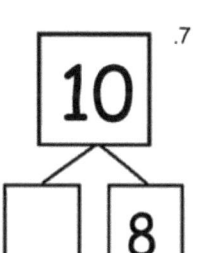  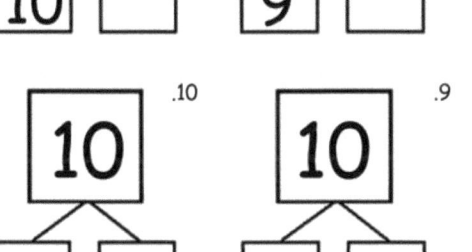

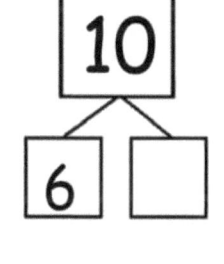 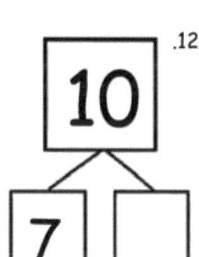 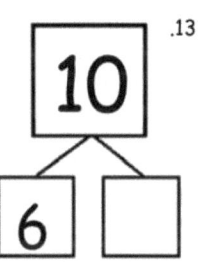 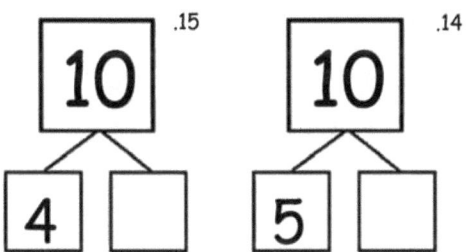

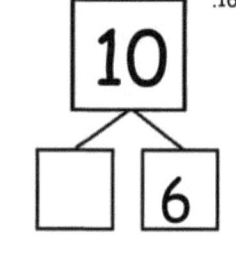 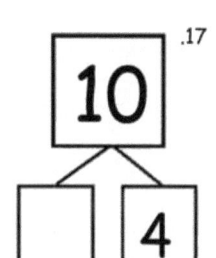 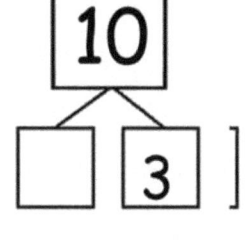 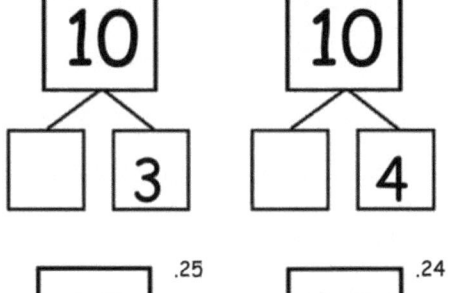

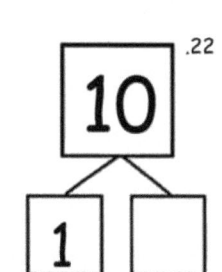 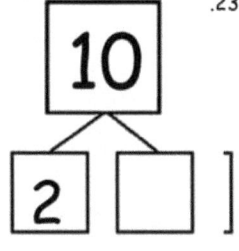 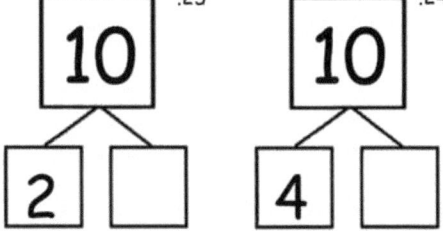

وحدات دراسية

بذلت شركة Great Minds® قصارى جهدها للحصول على إذن لإعادة طباعة جميع المواد المحمية بحقوق الطبع والنشر. إذا لم يتم التعرف على أي مالك للمواد المحمية بحقوق الطبع والنشر هنا ، يرجى الاتصال بـ Great Minds للحصول على الإقرار المناسب في جميع الإصدارات المستقبلية وإعادة طبع هذه الوحدة.